环境设计的思想

[日]三轮正弘 著
曹炜 译

江苏凤凰科学技术出版社

图书在版编目（CIP）数据

环境设计的思想 /（日）三轮正弘著 ；曹炜译 . -- 南京 ：江苏凤凰科学技术出版社，2017.6

ISBN 978-7-5537-8241-6

Ⅰ . ①环… Ⅱ . ①三… ②曹… Ⅲ . ①环境设计－研究 Ⅳ . ① TU-856

中国版本图书馆 CIP 数据核字 (2017) 第 113114 号

环境设计的思想

著　　者　[日] 三轮正弘
译　　者　曹　炜
项目策划　凤凰空间/张　群
责任编辑　刘屹立　赵　研
特约编辑　张　群

出版发行　江苏凤凰科学技术出版社
出版社地址　南京市湖南路1号A楼　邮编：210009
出版社网址　http://www.pspress.cn
总　经　销　天津凤凰空间文化传媒有限公司
总经销网址　http://www.ifengspace.cn
印　　刷　北京市十月印刷有限公司

开　　本　710 mm×1000 mm　1 / 16
印　　张　12.5
字　　数　100 000
版　　次　2017年6月第1版
印　　次　2024年4月第2次印刷

标准书号　ISBN 978-7-5537-8241-6
定　　价　39.00元

图书如有印装质量问题，可随时向销售部调换（电话：022-87893668）。

前 言

近年来，随着人们对生态、环保问题的日益重视，“环境”一词以及由其引申出来的“环境设计”一语被更多人提及和关注。如今，“环境”一词已成为可用来概括描述生态、空间环境等多种客观现状的名词，“环境设计”也扩展成为一门涵盖诸多领域的综合性学科。在中国，冠以“环境艺术设计”之名的专业以每年 30 万 ~40 万毕业生的速度发展着。由于“环境艺术设计”专业涉及面广、定义模糊、师资力量缺乏，导致学生接受知识面广而不精。长期以来，这种状况困惑着学生与教师，使他们处在彷徨之中。“环境设计”在亚洲的发展主要源自 20 世纪 80 年代的日本，因此，我编译本书的目的就是将日本对于环境设计最核心的本质理念正本清源地介绍给中国读者。

日本在 20 世纪八九十年代，环境设计成为一种大的社会潮流，为了进一步推动环境设计思想，1989 年日本成立了都市公共空间构筑设计中心，1991 年成立了都市环境设计会议（JUDI）。其间，出现了三位具有代表性的学者：在世界设计会议中初次提及“环境设计”一词的浅田孝先生（1921-1990）；1977 年在东京艺术大学开设 “环境造型设计”讲座的稻次敏郎先生（1924-2008）；全方位对“环境设计”思想体系进行梳理总结的武藏野美术大学教授、建筑家三轮正弘（1950-2013）。

三轮正弘先生是我在武藏野美术大学读硕士研究生时的导师，是当时室内设计专业的主要教授，也是工业设计学科的主任及学科带头人。同时，他还是日本室内学会、室内设计师协会的会长，是 20 世纪八九十年代日本室内设计、环境设计界最具有代表性的人物之一。

20 世纪 80 年代末，“环境设计”一词从日本引入中国，并在中国高校兴起。当时恰逢中国国内社会经济体制大转型，在庞大市场迫切需求的背景下，原有的室内设计教育概念逐渐不能满足市场需求，于是中央工艺美术学院率先将原本的“室内设计系”更名为“环境艺术设计系”。作为日本环境设计理论主要倡导者三轮正弘先生的学生、长期从事环境设计工作的教育者，面对当今国内环境艺术专业教育发展的困惑，我深感有必要对我们似乎很熟悉的环境艺术设计专业思想的本质追根溯源。希望本书的编译能够为中国未来的环境艺术设计专业的发展贡献绵薄的力量。

谨以此书纪念恩师三轮正弘先生！

曹 炜

2017 年 3 月

目 录

第一章 | 环境与自然

所谓自然

那么，自然到底是什么呢？广义上来说，是指保持原始自然状态的外部世界，未经人类雕琢的草木、河流，甚至是高山、大海、天空，进而扩展到宇宙这一无限的区域。我们可以用西方语言中表现自然的词“Nature”来分析，其表层意思当然是用来表现自然，但同时还意味着未经人为加工的物或事。当认识到保持原始状态的自然正是这样的一种事物时，人们就确立了自身的自然观，认识了自然这一事物。

“Nature”还包含“人的天性”这层意思。指人与生俱来的性格，即天性、本性、脾气等意。作为物的自然与作为事的自然，虽是两个含义，却相互重叠，具有双重性，表示人一方面具有物质肉体层面的实在感，另一方面则具有精神层面的存在感。这对我们阐明环境或环境设计而言，也许将会是一个超乎想象的重要契机。

当我们追问自然的反义词时，通常脑海中会浮现“人工”一词。这是因为将自然与人工相对比，从中也可清晰看出西欧二元论所强调的对立。

日本的自然观，正如西行的和歌与芭蕉的俳句中所写的那样，认为人与自然充分接近，有时甚至是可以融为一体的。其最主要的原因是日本气候温和、坐拥自然给予的恩惠。正因为拥有能与自然亲密接触的自然环境，人与自然之间才不会产生二元论中的那种对立状态。

所谓环境，正如其字面意思，意为“被环绕的地方”，是一个环绕着我们的区域。然而，这个区域并不只是空间上的延展，它还包括了平时我们称作自然界的所有物质，以及在该区域中活动的所有生物的生存场所，它是一个动态的集合体。

“四大”与四元素

印度佛教对于一切生物，诸如人、动物以及植物可生存的外界构造的设想，在我看来，正是造就了最初的环境论的博大思想。

与佛教思想不同，西欧思想的特质是将人类从其他生物中单独抽离，作为主体来看外界。那么，这个外界即环境，对于主体来说就是客体。这与上一节所论述的西欧自然观保持一致。

然而，在希腊哲学的元素论中也存在与佛教的“四大”[①]几乎相同的四

---

① 四大（佛教哲学用语）：指地、水、火、风。为构成一切物质的四大元素。一般认为，具有以下作用：具备坚硬本质起保护作用的地大，具备湿性起汇聚作用的水大，具备热本质起催熟他物作用的火大，以及起使动物成长作用的风大。一般认为，这些元素汇集起来后会生成物质。它们被称为能造色，色为实际所存在的事物。

元素，我对此怀有极大的兴趣。四元素（英语中为 four elements、德语中为 vier Elemente）通常按大地、空气、火、水这样的顺序排列。

不论东方还是西方，跨越了地域及不同文化圈的差异，人们普遍认同构成外界的物质是这四大元素，这使我重新认识到人类思维的普遍性。或许，相距遥远的两个地域，曾有过相互交流。在对环境进行思考的过程中，我也萌发了对这个问题的兴趣。

宇宙飞船地球号

20 世纪 50 年代，美国建筑学家理查德·巴克敏斯特·富勒在发表了网球格顶构想后，陆续建造了大大小小的防空避难所与住宅。这些正如第二次世界大战结束后信心十足的美国文明达到了顶点一样，满溢着伟大、乐观的梦想。

20 世纪 60 年代，日本终于摆脱战败的窘境，进入了高速发展的时期。随着东京奥运会的举办、高速铁路新干线的兴建以及各地城市再开发的推进，各产业朝着生产高速发展的方向狂奔。

然而，在生产规模不断扩大的同时，各地的河川、海岸却逐渐出现异常现象。熊本县水俣湾周边渔民的水俣病[①]、富山县神通川流域居民的痛痛病[②]等公害病开始陆续发生。那个时代，人们都本着劳动生产至上的精神与思想，谁都未对此产生过丝毫的质疑。然而，随着世界各地不断产生的公害信息的蜂拥而至，劳动生产至上的机器时代被抹上了一层阴影。

1968 年，在以当时奥利维蒂公司副总经理奥雷洛·佩切依为首的人们的提议下，成立了罗马俱乐部[③]。1972 年，俱乐部发表了第一份报告——《发展的极限》，这份报告犹如冲击波般撞击了全世界的有识之士。就此，环境污染、绿地沙漠化、人口增长及粮食危机，继而地球资源的极限等问题成为公众关注的焦点。

---

① 水俣病：熊本县水俣湾附近出现的由有机汞中毒所引起的疾病。起初，发病于举止怪异的猫。不久，在水俣海湾沿岸的渔民家庭中亦出现相似病例。该病侵入人的神经，让四肢麻木，使语言、眼睛、耳朵等出现问题。1956 年，经熊本大学医学部查明，该病由智索水俣工厂排出的工业废水中所含的有机汞引起，大部分致病毒素来自于人对鱼贝类的摄取。1973 年 3 月被认定为公害病。1965 年，同样的公害问题亦出现于新潟县阿贺川流域。这是由昭和电工加濑工厂排放出的工业废水所引起的，在 1971 年 9 月，稍早于水俣工厂事件而被认定为公害病。

② 痛痛病：发病于富山县神通川流域，肾功能障碍与多发性骨折为其主要症状，就连咳嗽也会引发骨折。因患者痛得直呼痛啊痛啊，由此得名痛痛病。1955 年，当地的荻野升医生最早发布此病。1964 年，冈山大学的小林纯博士发表了病因为镉的学说。明确了发病地点位于神通川上游的三井金属神冈矿业所。

③ 罗马俱乐部：由商界人士、经济学家、科学家等组成的国际性研究、建议团体。研究与人类生存息息相关的问题。1968 年，在当时奥利维蒂公司的副总经理奥雷洛·佩切依等的倡导下而创建。

就这样，生存的概念产生了，督促着人们在思想上形成共识。居住在这个地球上的人们，偶然地成了被称为“地球号”宇宙飞船的同乘者。为了使自己生存下去，所有人都必须达成共识：不能再继续破坏这架宇宙飞船的环境了。

第二章 | 生命与生态学

胎儿的梦

虽然人类被称为万物之灵，但是刚来到这个世界的婴儿，几乎都只能被称为未熟儿，孤独无依。姑且不论鱼鸟之类，与人类相近的哺乳类即胎生动物，无论哪一种，都不会选择在一种极其危险的状态下生育。

以鹿等类似动物为例，鹿仔从母体扑通一声坠地后，便试着摇摇晃晃地站立，一边由母亲舔干身上湿漉漉的羊水，一边抬头去寻找母亲的乳房。鹿仔吃饱后，就已开始在四周坚强、勇敢地来回走动。

虽然将这解释为本能（即已被先天程序化的行动指令）暂且能为人所理解，但我还是更愿意单纯地将其作为一种不可思议，并且无法用理论进行说明的生命现象来理解。

因未成熟而须受到悉心呵护的人类婴儿是怎样适应出生时的环境的呢？虽说有来自父母的各种各样的刺激与诱导，口唇与乳头的接触可视为母子交流的出发点，如今人工哺乳已非常普遍，像以前那种在羞涩中充满自信地露出乳房喂奶的年轻母亲已极为少见，但这些最初都始于触觉。

刚出生的孩子握力非常大，若让他握住水平递过来的小棍子，他可惊人地长时间握住。这意味着什么呢？是因为猿人时代的进化过程被很好地保留了下来，但这一解释又很难令人完全信服。

以这样的自问自答为契机，我脑中不由自主地浮现出胎儿在母体中所经历的生态变化的情景来。

我想起了高中时代的同学三木成夫这位医学家的一个探索。他在经历了实习医师阶段妇产科的实习，以及之后受这段实习经历触发而从事的研究活动后，与其说是被生命诞生的神秘所吸引，不如说是被极尽丑态发育着的胎儿的姿态所吸引。之后，他撰写的《胎儿的世界》一书，虽不具备医学家论文的轮廓，却是一本以诗人手笔描绘出热情洋溢的生命之书。

阳光作用于海水后出现了生命，从原生动物到软体动物，再从鱼类到两栖类，进而到爬虫类，直至鸟类，遵循着一条这样的进化道路，最终产生了哺乳类。在大约 30 亿年的进化过程中，两栖类走出海洋，登上陆地，演化为哺乳类，花了 1 亿年左右的时间。虽然是无比漫长的 1 亿年，但三木成夫却认为这是被缩短到 30 亿年进化过程三十分之一的极短时间，从某些方面来看，也许是一种合乎情理的看法。

三木成夫首先在观察追踪鸡的孵化过程中发现了隐匿其中的生物变迁过

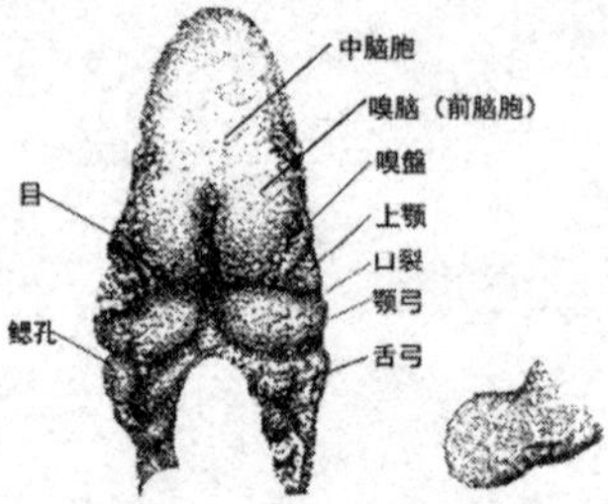

受孕 32 天　所谓怀孕第 2 个月的下旬。因月经不来，从该时期起开始注意直到确认怀孕。此时相当于鳃与原始肺共存的泥盆纪初期，面临古代鱼类登陆或下海二选一的时期。身体如红豆粒般大小。（摘自三木成夫著作《胎儿的世界》中公新书）

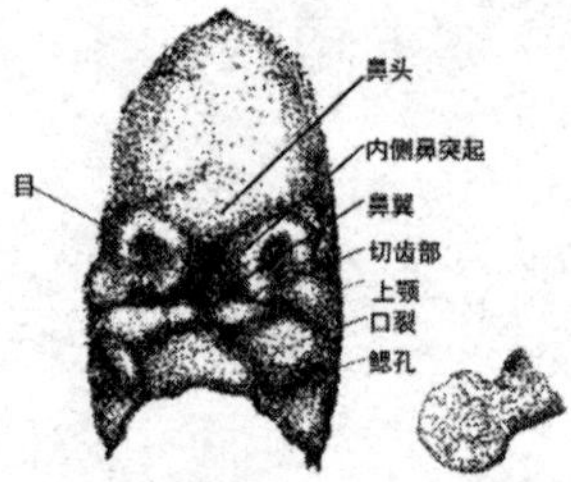

受孕 34 天　内侧鼻突起与上颚突起如胜哄桥般开始闭合，鼻窝分为外鼻孔与口，具有鼻部直穿过口部的两栖类面影。留置针头般大的卵黄囊与脐带。

程的原型。这可以说是将长达 1 亿年的进化过程凝缩于短短数日，这是十分惊人的情景。

不久，他终于预感到，自己不得不开始面对人的胎生这一难以回避的课题。让我们从他著作的字里行间来感知一下这一点。

“但是，胎儿的标本经由研究室人员的热情相助而被很好地集中在了一起。他们被浸泡于甲醛溶液中，静静地置于架子深处。虽然仅此而已，但我已隐隐从胎儿朦胧的侧脸中多多少少看出人类进化登陆时的模样。

“首先，以怀孕三十天到四十天这十天左右作为研究对象。如果是为了进一步研究，须将胎儿从标本瓶中取出，暴露于阳光下，我没干，也不想这么干。恰逢其时，研究室从御茶水高台搬到了上野杜。在此之前，每周一次的讲课已持续了数年。绿树掩映的校园继承了以冈仓天心为源流的风格，作为其中的一个分支流派，其历经了时代沧桑，时至今日仍隐隐透出生命力，这于我是一种乐趣。树下石上这一小景，让人产生某种共鸣。在那里，老师每次花一个半小时左右讲述与‘生命的形态学’相关的话题，边上的年轻学生们则用如同隔着栅栏观看珍禽异兽般的目光凝视着。”

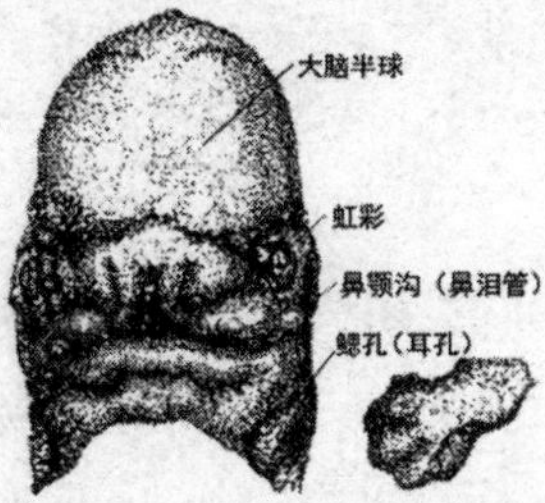

受孕 36 天　身长 13 毫米。原始爬虫类外貌。约 3 亿年前登陆古代绿地。通过海草的茸毛，母胎感受到这个梦。

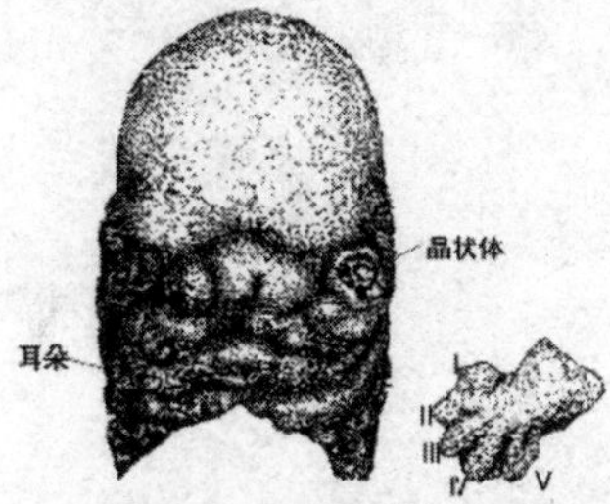

受孕 38 天　原始哺乳类的面影于二次口盖的萌芽中亦能体现。肺泡分化，气管、喉头的形成表明胎儿开始正式利用空气进行呼吸。下垂体前叶、甲状腺从消化管起呈中间变细状。

三木成夫于东京医科齿科大学毕业后，成了东京艺术大学的教授，他对研究也越来越执着。

“人类的胎儿，在母亲胎内时做着一个梦……胎儿如此这般地一边通过自身身体的发育变化来表现进化和持续着的进化之梦。怀孕 32 天前后，一边听任华力西造山运动巨大能量的摆布，一边日复一日地犹豫该进该退……是这样的一个梦吧。”

平时我们经常会说到“概念”一词。与其说事物的“概念”这一哲学上的意思是其第一义，还不如说很多时候这个词是用来表现设计的想法与构思的。当我们探寻语义时会明白其中还包含着更为切实的意思。

在众多泰西画家描绘的宗教画里，有很多以“概念”为主题的颇受欢迎的作品。概念的原意为受孕，但在此处却有特殊的意思，即指《受胎告知》中圣母玛利亚被告知怀胎耶稣的场面。一旦了解了这一点，就不会滥用“概念”一词了。因为设计想法的产生也正是一种以生命诞生为前提的受孕。至少对相信设计有生命存在的人来说如此。

触感的世界

我必须再次回到初生婴儿的话题。摊开婴儿的手掌，让其手指缠绕在我们的手指上时，婴儿会强有力地握住。当我们将其抱起时，他们会用指尖紧紧地拽住我们的衣角不放。这是婴儿试图通过与母亲的身体接触来平息内心的不安，尚未成熟的孩子就是通过这种触感来弥补内心的惶恐的。婴儿在地板上爬来爬去，开始一点点学会抓着东西摇摇晃晃地站起来。用放在嘴中吮吸的手指抓住椅腿，若木板上开孔则会将手指伸进去。无法用来爬行的手的活动在顷刻间具备了某种意义。婴儿成为人的时期到来了。

通过触觉来逐渐感知外界的这一学习过程的同时，也开始清晰地体现出人类的自立。婴儿通过站立从未成年儿逐步向成人过渡。

当人从由四肢爬行转变为使用两腿直立行走时，前足便开始成为手，自由地做各种动作。正是这使人首次被赋予了可徒手作业的条件。直立的人不仅能自由使用双手，而且能凭借骨盆上呈 S 形的脊椎与胸廓，将四足动物水平方向伸出的头部，特别是其他四足动物所不具备的沉重大脑，轻松地垂直支撑住。就这样，人类开始使用手来制造东西，大脑成为督促人类进行更高级阶段作业的指令塔。

人类的双脚在尽可能地寻求水平的地板，走路摇摇晃晃的幼儿自不待言。通过观察拄着拐棍行走的老人，我们便能理解由于水平地板过于光滑，为使人不致滑倒，表面还需有些粗糙度。

观察人们爬楼梯时的动作，可以发现人的双脚与头部被最大限度地拉伸，因脚下位置无可避免地不断改变、抬高，位于最高处的双眼充满了焦躁与不安。这时，我意识到自己也正是在以这种姿态爬楼梯，于是觉得这是开始直立行走的人的悲剧。

在人类所具备的五感中，除了脚部的触觉与腿部的肌肉感外，其他所有感觉均集中于头顶，只能说这样的构造有利有弊。利表现为人类具有眺望远方的双眼与听声音的双耳。但看一下在地面爬行的狗，人类嗅觉退化所招致的不利便异常明显。

那么，触觉方面如何呢？运动中的人要经常通过与地面的直接接触来确认自己与地面（水平的地板）的关系。自立、存在这类哲学用语极富先见性地注意到了人与大地的接触，进一步联想起人双腿站立的姿态。在观察舞蹈家、体操选手充满动感的连贯动作中轻松而就的瞬间平衡时，也能明白人是由通过对与平坦地面，即水平地板的距离、角度进行感知的知觉构成了各个运动片断。

于是，人体的不可思议在这里也得以放大。听觉器官耳朵的深处存在着能感知身体平衡的感觉器官，即三半规管。三半规管由三条互成直角的血管构成，相当于几何学中表现空间坐标的 X、Y、Z 三轴而发挥作用。它不仅在静态中确认空间的角度与位置，还在动态中感知运动量与速度的变化。

爱德华·霍尔① 用 “感觉接受器” 一词来说明作为接受方的人类各个感觉器官的功能。仔细一想能发觉，这是一种相当含蓄而有深度的见解。

一般的解说书籍、教科书均未清晰地认识此问题。因为书中通常采用的分析法是阐述眼睛用来看东西、耳朵用来听声音、鼻子用来闻味道等，让人明白五种器官分别与五种功能相对应。但当我们用同一种方法来看味觉与舌头这两个对应的关系时，无论是谁都一定会注意到味觉不可能如此简单地被定义，从而开始产生疑问。

食物的味道首先通过气味来吸引人。精心烹饪的炖牛肉、适度烤制的鳗

---

① 爱德华·霍尔（1914-2009）：美国文化人类学家。跨越所有传统学问领域，不仅在人类学上颇有建树，而且是动物行为学、社会心理学、生物学、语言学等诸多学问领域综合性科学研究的先驱者。主要著作有《沉默的语言》《不为人知的次元》《跨文化》《文化的时间》。

鱼之所以能激发人的食欲，是因为各自独有的香味凭借接受器即嗅觉送入大脑的信息来刺激味觉中枢。该接受器为最大限度发挥作用接受这些独有香味而待命着。入口的食物在人们品尝前，首先通过嘴唇获得愉悦的触感，从而加深人对味觉的期待。之后，再由以舌头进行品尝的味觉接受器直接参与进来。

在这里，我们不能忘记盛放于盘子、木碗等器皿中的食物已事先存于我们的视觉范围之内。仔细想来，也许没有比吃东西所产生的这种快感更为复杂的东西了。

一般认为，成年人的感觉接受器包含眼、耳、鼻、舌这些独立的器官，它们各尽其能，共同分担触觉功能。但实际上感觉接受器的活动更为复杂，更为联动，也更为有机。

因此，在这里不如凭借我们日常生活中所体验到的真实感觉来进行考察，这样会更具说服力。若研究一下声音能量被外耳深处鼓膜接受后渐趋响亮地传入中耳、内耳等整个耳部构造，则可知这个整体正是一个通过触觉来感知声波的装置。

此外，我还发现，进入鼻孔的微粒子接触到嗅觉细胞是气味的第一接触点，舌头的味觉也成为与食物接触接受器的活动中心。

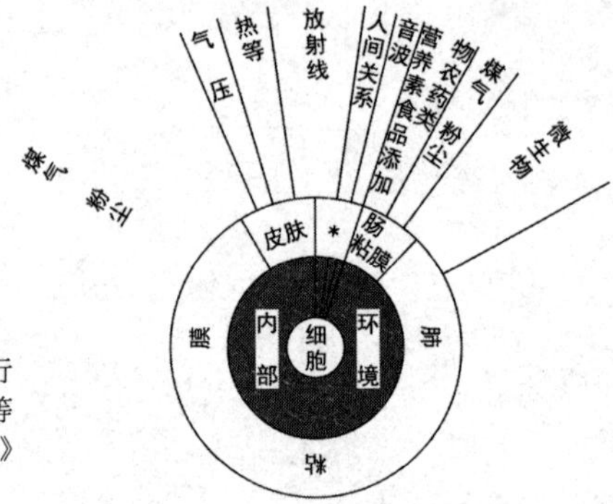

将外部环境与内部环境的关系用相位图进行归纳。在感觉神经系统中，肺、肠黏膜、皮肤等为外部环境。（由作者三轮正弘根据《人类与环境》中相关内容进行编排）

像这样进一步研究下去，问题的核心就一下子明晰起来。即触觉是除视觉以外所有感觉器官的桥梁。我考虑是否可将这些均归为触觉系统。

在此我们已隐约可知，通过对被视觉所掩盖、压制的触觉系统进行的解放，是通向环境的捷径。

内部环境与外部环境

分析一下人体的体液，可知其构成种类和成分比例与海水基本相同。最初诞生于海洋的生物将海水贮存于自身体内登陆，是否可以说这一生命形态也鲜活地存留在了人类身体中呢?

从单个人体解剖学结构来看，将生物体与环境隔绝开来的是皮肤与黏膜。不仅指所有覆盖体表的皮肤，还包括之后我会进行详述的消化器、呼吸器与食物、空气进行接触的黏膜。应该说皮肤与黏膜的内侧包裹着体液，外侧与环境相接触。

被称为现代医学先驱者的克劳德·贝尔纳（法），通过实验对该问题进行了核实。于1860 年发表了他的新见解，即把体液发生作用区域的生物体规定为一个独立的“内部环境”，与此相对，将至今为止只是被单一称作环境的东西重新规定为“外部环境”。该见解使人们一直以来的普遍观念发生了巨大的转变。

从消化器官的角度来看，食物、空气通过口腔，途经肠胃，直至肛门，所经之处也许确实属于“内部环境”，但从环境角度重新进行理解，显而易见，这属于贯穿人体内部的“外部环境”。胃与胃壁表面的黏膜内侧包裹着“内部环境”。

从呼吸器官的角度来看，肺也是贯穿人体内部空间的“外部环境”，覆盖肺腔内部的黏膜将作为“内部环境”的体液，也就是血液、淋巴液等被隔离开来。

在得知克劳德·贝尔纳的说法后，我顿觉茅塞顿开。例如，“公害”一词的暧昧之处顷刻间就暴露了出来。

公害显然始于对“外部环境”的污染。污染多数情况是指水污染或空气污染。水污染主要通过消化器官，空气污染则是通过呼吸器官来危害生物体。熊本县水俣市的水俣病、富山县神通川流域的痛痛病属水污染，四日市的哮喘病则属空气污染。

熊本县的水俣病是水俣市这个原本以捕鱼为生的村落必然会发生的事

件。渔民们每天所吃的鱼的部分内脏中含有高浓度智索水俣工厂废液中排出的有机汞。被重金属污染的水俣湾海水为第一外部环境。之后，这些被污染的海水积储在鱼体内的内部环境中。从食用这些鱼的人类角度来看，烹饪过的鱼或生鱼由嘴经食道侵入与肠胃相连的体内外部环境，污染物质透过器官黏膜被吸收进内部环境，也就是生物体内。这就是导致严重中毒事件的前因后果。

正如众多实例所验证的那样，造成公害的原因几乎都不在自然。可以说是人类对环境的加害招致了环境对人类的报复，从而形成一种周而复始的循环。在此，我们不得不重新思考一下容易控制的物理现象与难以控制的化学现象间的区别。

不仅是人类，对多数生物来说，为了维持生态系统，都无法绕过对以污染的水与空气为媒介的化学系统的循环作用来加以调节这一相当复杂的过程。为此，要求我们对环境具备更好的理解能力。

动物啊，切勿发怒

“植物人”这一令人生厌的词是何时开始使用的呢？

这个词源于20世纪60年代医疗技术迅猛发展时期，是指无关本人意愿均可通过点滴进行营养补给而维持生命。之所以将人比作植物大概是因为昏迷不醒的人在相当长一段时间内，只是单纯维持着生物体的生命状态，宛如不说话的植物一般。人类啊，切勿发怒，切勿轻视植物。众所周知，事实上植物对人自不必待言，对所有动物生命的维持都起着重要的作用。其中就粮食的作用，正如素食主义的实践所示，一般人只要有植物就能获得维持生命的基本营养需求。

以下是我在飞弹高山拜访友人稻本正时，与他谈话的概要。

我们设想在距今约45亿年前宇宙中诞生了地球。在完全不存在任何生命、作为太阳系的卫星自转公转5亿年之后，地球上首次出现了厌氧型的生物。

之后历经10亿年，海水中充满了厌氧型生物所排放出来的二氧化碳，也正在那时诞生了依赖二氧化碳生存的新生物，这便是出现于海洋中的藻类植物。那时空气中缺乏氧气，炙热的阳光照射在几近裸露的地表上。在如此强烈的紫外线的照射下，无论什么生物都无法自然生存于陆地上。

众所周知，太阳光的作用被分为以下三种：第一是照亮所有物体的光作用，这是人视觉上所能看到的可视光线[①]，位于太阳光谱中间的一段。第二是热作用，即通过太阳照射的热量直接给地面加温，这与比可视光线波长更长的红外线有关。

以上两个作用，平时好像很少被我们注意到。也许是因为我们把每天接受太阳光的恩惠看作是极为自然的现象。但第三个作用却主要是由紫外线引起的。由于第三个作用的异常加剧，出现了氟利昂[②]这一对臭氧层造成破坏的全球性新公害。臭氧即 O_3，是由三个氧原子结合而成的化合物。普通氧分子 O_2 在平流层中由于太阳强烈紫外线的作用而被分解为两个原子，形成 O_3 。被分解的氧原子虽然大部分再次结合生成 O_2，但一部分会以三个 O 的形式聚合在一起或与 O_2 结合形成 O_3，即臭氧。臭氧吸收了来自于太阳的紫外线，阻止了紫外线对地球生物造成的危害。紫外线的过量照射会使动植物细胞遭破坏，引发人类的皮肤癌、视力障碍，导致小生物、微生物的死亡。

---

① 可视光线：也叫可视线。物质在绝对温度达到 0 开尔文（K）前会持续放出热光线。太阳光线波长范围为 0.01 ~ 100 μm，人肉眼所见范围为 0.38 ~ 0.78 μm。比该范围波长短的 0.01 ~ 0.38 μm 为紫外线，比该范围波长长的 0.78 ~ 100 μm 则为红外线。

② 氟利昂：含氯氟化物（以氟利昂 F113、F114a 等为代表性气体）。其作为一种电子零件的清洗剂或冰箱、空调的冷却剂，是工业生产中的必需品。1974 年，指出氟利昂给地球环境正造成极大破坏的是加利福尼亚大学的罗兰教授。他指出氟利昂破坏地球大气中的臭氧层，使其变得稀薄并在其上方开洞，从而导致紫外线直接照射于地球生物上，引发危害。

20 世纪 50 年代末期，一个新的事实出现了，那就是氟利昂使臭氧层形成了一个洞，最初发生在南极上空的平流层。20 世纪 80 年代末，北极的上空也出现了明显的臭氧空洞。这些会引发皮肤癌、视网膜障碍的强烈紫外线，开始透过空洞照射至地面。

该事实给出了一个重大信号，即若让氟利昂继续滞留于平流层中，也许地球会再现其自诞生后 15 亿年里不存在任何生物的状态。

让我们再度回到 30 亿年前。最早的植物藻类在 20 亿年后达到鼎盛期，此时终于出现了动物的迹象。

寒武纪前期起开始大量出现于大海、湖沼、河川内的藻类，使水中、空中都充满了氧气，这可以说是在静候动物们的出现。在适宜的水环境中栖息了 15 亿年的植物登陆的时刻终于来临了。

距今四亿年到两亿七千万年前的陆上植物，以蕨类植物为代表，凭借旺盛的繁殖力遍布地表，形成巨大的森林。

通过对埋藏于地下的化石的分析，明确了泥盆纪到石炭纪期间生长的蕨类植物就如同现在的杉、柏、榉一般巨大。在蕨类植物的密林中出现了中生代的大爬虫类，哺乳类终于在七千万年前拉开了新生代的帷幕。

现今，地球危机终于引发了人们的广泛关注。细想一下就会明白，包括人类在内的所有动物都是环境的污染者，其中人类对地球环境造成的破坏最甚。

生态学与经济

以地球上所有生物与这些生物所生存的环境间持续紧密关系为研究对象的学科叫作生态学。

生态学一词源于德国动物学家恩斯特·海因里希·海克尔于 1860 年首创的 okologie 一词。据说海克尔是以希腊语中表示“家”之意的 oikos 为基准来创造这一新词的。

经济学家玉野井芳郎在他所著的《经济与生态学》一书中对该造词理由进行了如下说明，“也许在当时，作为一名进化学家，海克尔主要思考生物个体与其生存环境间的关系。同时，在他的潜意识中也存有当时德国思想家们所普遍持有的一种观念，即成为新石器时代至 19 世纪欧洲社会结构基础的‘全家’思想中所描述的那种人类生活形态。总之，我觉得认真思考经济与生态学相互启发的学术性思想的逻辑与背景，即使在当今也极为重要。”

让我们从语言的构成与语义论的角度来看一下经济与生态学。经济学在英语中叫 economics，是一门研究经济即 economy 的学问。economy 这个词在希腊语中是由 oikos 与 nomos 这两个词结合而成的。oikos 如前面所述，代表家的意思，加上因 nomos 具有经营、控制之意，对经济学进行直译，就相当于家政学了。

而我们所使用的经济一词来自于汉语中的经世济民，即经营天下、救济百姓之意。从这一点上来看，不如说其是具有一定政治意义的，故而，须明确其与西欧 economics 的构想截然不同。现代经济学 economics 被明确定义为“研究满足人类欲望的物质财富生产、流通、消费的学问”。必须看出其不仅是非政治性的，而且还具备极其唯物主义的思想。

理解了在此说明的词源背景后，现在我们要再次探讨经济与生态学关系时选择哪一点比较好呢？我决定把哲学家山下正男的一段文字作为一种观点介绍给大家。

“随着人类历史从农业阶段过渡到工业阶段，农业阶段的哲学与思想确实开始丧失了其本来的功能。那么，进入工业社会后，什么才是掌握新时代的哲学呢？针对这个问题，回答只有一个，即人本主义。当然，人本主义并不是进入工业时代后才诞生的哲学方式。但是，自从进入工业时代以来，先前的人本主义因为拥有了科学技术这个武器而面貌一新地重新登场。可以说，这就是引起环境污染、环境破坏思想上的罪魁祸首。

“可以说为了解决环境被破坏，尤其是自然被破坏的问题，生态学这门学问被迫走到了幕前。ecology 最初被称为生态学，是生物学中不起眼的研究领域之一。话虽如此，但生态学是被定义为研究有机体与其环境间相互关系的学问，若把该定义改为研究人类与其生存环境间相互关系的学问，则能成为一门对解决当今环境问题颇有成效的令人充满期待的学问。

“从人类与自然环境的相互关系的角度来看，也可说生态学与人本主义思想从根本上是对立的。即其不认可人类的特权，而是以人类与自然环境，即动植物，继而是与大海高山也应谦虚以待为宗旨。”（引自于中公新书的《植物与哲学》）

我将在这里举出的人本主义与人类中心主义归为一类，是想避免与以人为本混为一谈，我认为应把议论的焦点集中于工业化时代经济与环境的结构性矛盾这一点上。

经济学家玉野井芳郎阐述了应解放过去被禁锢于物质至上市场机制中的经济学，他谈到以下观点：

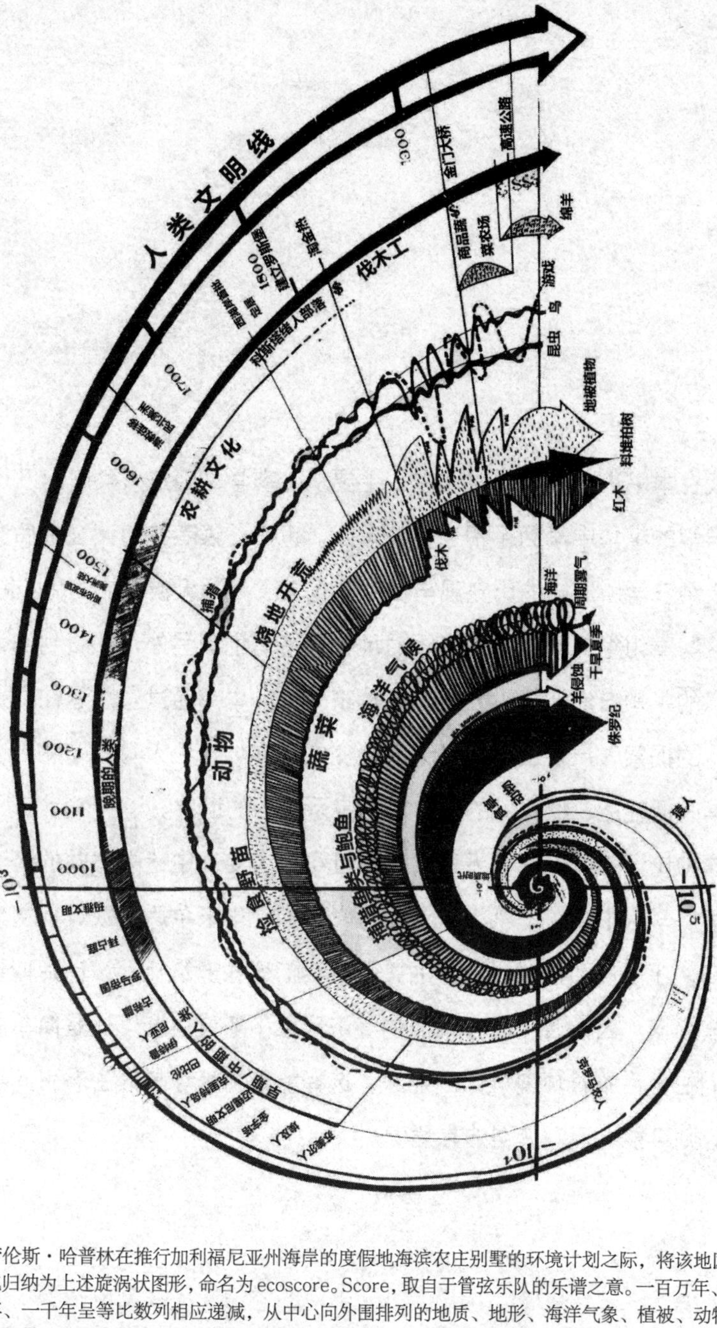

劳伦斯·哈普林在推行加利福尼亚州海岸的度假地海滨农庄别墅的环境计划之际，将该地区的年生态变化归纳为上述旋涡状图形，命名为ecoscore。Score，取自于管弦乐队的乐谱之意。一百万年、十万年、一万年、一千年呈等比数列相应递减，从中心向外围排列的地质、地形、海洋气象、植被、动物、人类活动都凭借具备同时性从正中心所发出的放射线来获取，时间轴按顺时针方向进行记录。

“我在本书进行批判的过程中，主要从生态学、经济人类学以及历史学等相关科学的精华中学到了相当多的东西。也许，读者在通读全书后会发现迄今为止经济学所形成的历史观与自然观正发生着翻天覆地的变化。在现代，不能将这些奉为绝对真理，而应相对地去看待它们。另外，须看到作为普遍意识形态的牛顿自然定律也处于重新构筑之中。本书通过对‘通往广义经济学道路’的探索，展现出一个‘天动地变的世界’，让人隐约间感到这将会是一个具有低耗能、低污染的‘开放稳定系统’的世界。”

从这种论调来看，我们无法对在新世纪末大变动中迷失方向的经济学，特别是经济学家们的苦恼进行推测。哲学家们在笛卡尔后西欧近代主义的挫折中得知，还是应加强对生态学的关注。我们这些建筑师、设计师们也无法避开这些烦恼。因为若只是在表面的经济现象中随波逐流，还是简单的。但随着我们在生活中对环境认识的加深，选择能维持地球与其生态系间稳固关系的设计则可能会逐渐变得迫在眉睫。

第三章 | 作为环境的住宅

住宅的生态学

前一节“生态学与经济”告诉了我们几个重要问题:

现代经济或经济学，已无法在其单一领域或机制中进行说明，这种现象层出不穷，是当今经济学家身为专家也无法解决的问题。这是因为经济已不仅仅是单一封闭经济系统中的活动了。大众开始认为，一切人类活动再不仅仅是政治、社会制度，而是与教育、科学知识、大众传媒、时尚等都相关的开放系统，作为一种复合现象，已到了必须进行根本性重组的时刻。

或许，当今的经济本身已具备了生态性。

更值得引起注意的是,生态学与经济这两个词都具有相同的组成部分(eco),其来自于希腊语中表示“家”之意的 oikos，宛如事先策划好的双关语一般。

另一个问题是对“家”这个词在生态学上的理解。住宅生态学的本质就是以作为软件部分的生活与作为硬件部分的住宅两者间的关系为基轴所进行的综合性考察。这也许能用克劳德·贝尔纳环境双层结构说中的“内环境与外环境”来解释。

让我们再次提起克劳德·贝尔纳。维持生命的单个生物体由其内部的体液形成“内环境”。像这样将单个生物体明确以“内环境”来理解的那一刻起，一直以来仅被笼统称为环境的外界明显成了“外环境”。不仅是人类，在所有生物个体上都同样体现出环境的双层结构来。

然而，也许该假说是人类创造的环境论的悲哀，不可否认其中隐含着以人类为中心的思想。这也许该看成是将阐述人与自然，主体的人与外界的西方二元论这一近代启蒙思想中主客体对比的结构，再次从环境角度进行确认的一种逻辑。

但是，克劳德·贝尔纳所提出的假说中有一点与一般二元论不同。阐述精神与肉体、主观与客观的一般二元论，仅是以观念或思维为核心，是极其绝对化的对立结构。与之相反，贝尔纳的对比结构则始终是相对的。而且，其外部与内部的相对关系并不是观念、意识之类的对比。因为它一方面构筑起一种具体、实体性的互补关系，另一方面则是无论将生物发展的漫长时间流（dia-chronic），还是某个瞬间（syn-chronic）一刀切开，都依然会存有的“内环境与外环境”关系中，存在包裹体液与细胞的黏膜，该黏膜作为一种相对意义上的渗透膜连接且隔开两个区域。

这种具备连续与非连续双重性的渗透膜正是理解住宅生态环境学的关键。因为若反过来看，则一般认为应通过用“实体性关系”来理解环境的“相对性意义”的方法论，去解释住宅的生态学问题。

让我们更加清晰地来看待这个问题。为了使“家庭成员们的生活”不受外界伤害，而有了“住宅”……这种情况下的外界是“外环境”，家庭成员们的生活也就是“家庭”，是“内环境”。这样看来，“住宅”就是将这两个环境隔绝开又联系起来的“黏膜”。也许黏膜并不适合做住宅的原材料。但是，作为生存环境的住宅，正如广为传唱的人类第二件衣服一样，不仅是隔绝外部与内部，也是使光、热、湿度等不能随意进入内部的装置。当然，还远远不止这些。相对外社会而言，住宅生活显而易见是以内社会独立主体的形式有机运作着。因此，将重新以“社会性外部环境”与“社会性内部环境”的相对关系来进行理解。

日本现今不怎么接受这种对居住问题进行正当考察的行为。这是因为作为硬件的地价不断上涨，一味凸显房地产中“财”的价值，原本应作为生态作用膜的住宅原始的有机功能完全停滞。

地、水、火、风与住宅

为了将住宅重新定义为“内环境”，与使之存在的外界，即“外环境”

亚平宁半岛南部卡萨尔努沃地区的横穴式住宅是顺着山体的地表建起的低层住宅。（摘自阵内秀信发表于《城市住宅》1980年1月刊中的《解读城市》）

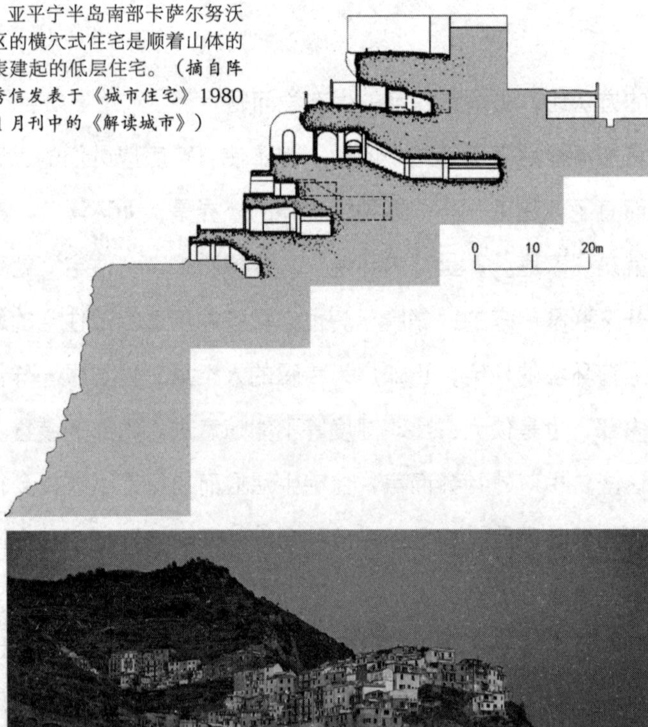

形成对比，我必须重新提及已被认为是自然的四大或四元素的地、水、火、风。

在建造房屋时，首先必须是在有土地的地方。日本的村落大多分布于北部山区，建于有泉水涌出且平缓南向的斜面上。这是为住宅及住宅群体所喜爱的地貌。兼好法师在《徒然草》中写道，在场地条件允许的情况下，应以适应夏天为宗旨，这一与日本风土所相适应的住宅建造指南，即便在现代也是公认的真理。这将是一种冬天能充分感受良好的阳光温暖，夏天能充分享受良好通风所带来的凉爽的冬暖夏凉的住宅。就这样，构成住宅外环境的四大，即地、水、火、风就都齐备了。

下面，我们来看一下住宅内部、室内设计、内环境的四元素。由于大地的牢固支撑力，从而确保了内环境的安定，使人类能够安心居住。水作饮用、做饭、洗濯之用，火用来做饭、取暖，风用以调节室内空气，提供呼吸的新鲜空气（氧气），无论哪个对人类居住而言都是不可或缺的元素，可以说是住宅产生的基本元素。一旦确定好地方作为“家”来建造时，在奠基仪式上反复祷念祭神仪式的祈祷词，则是为了将天与地即神与人之间的联系寄于垂直竖立的柱子中，同时也是在祈求其能支撑起家族血脉的延续。

文化的结构

祭神仪式的祈愿通过将纵向结构的柱子比作家族血脉，往下使得家族血脉绵延不息，往上则追溯到祖祖辈辈，这些都是想体现作为通时态的“家”的生态。

同时,还存在水平切断时作为共时态的“家”,其中住着各自的家庭成员。水平方向的横向扩展，超越了血缘社会的框架，与契约社会的技术、制度等相联系。

横向与纵向的交汇处，即通时系统与共时系统的交汇点正是文化孕育而生之处。为此，须说明。吉田光邦某次受邀出席设计师聚会，在演讲时公布了以下的观点，正如历史是按时间顺序被记述一样，一条家族血脉也是代代相传下去的，故而，将其定为血脉的纵向结构。连接这条流动血脉的家庭成员们，在血脉流动的各个节骨眼上与横向间联系扩展的外界即自然环境与社会环境发生联系，这被定为血脉的横向结构。纵向流动与横向扩展的交汇意味着与视时间系统为“纵向”，视空间系统为“横向”的“文化的结构”保持一致。因此，“住宅的结构”就是“文化的结构”。

如此看来，“家”显而易见是“文化”的最小单位。住宅生态可解释为

黄河流域黄土地带的现存地下住宅。在大地上垂直向下挖出方形，以此为中庭，向四面水平挖出放射状隧道而仅仅由土所建成的家。在分类上被称为下沉式。（窑洞考察团著《活着的地下住宅》. 彰国社. 转载自中泽敏彰的画）

日本滋贺县五个庄。弯折成L形的道路以变形的十字路口为中心，逐渐形成有机性的村落配置。被细长型道路所包围的各个街区中既有独户的农家，亦有一块地中数户农家，他们均与耕地共生。（摘自法政大学宫泽研究班由彰国社所出版的《建筑术3空间》）

内环境中文化的生态。

文化与文明可通过相对应的英语词汇 culture、civilization 来理解。让我们在暂且不存怀疑全盘接受的前提下，再对 culture 与 civilization 做进一步的研究。culture 自然是从 cultivate（耕作）一词而来，这显然是在农耕生活中产生的。正因为如此，纵向的血缘与横向的地缘才长久以来在同一根基上成长起来。civilization 若按字面意思理解，则是市民化、市民应有的启蒙化，这又形成了都市生活的生态系统。

如今，将文明比作机器时代凶神的文化论正在泛滥，难道是要呼吁人们回到拥有富足自然资源的农耕时代去吗？在这里我想试着合成 civil-culture（城市文化或市民文化）一词，不知是否妥当。

第四章 | 吃与睡

吃、睡的地方与住的地方

回顾过去我们可以知道，直到“二战”（1945 年战争结束）后的 20 世纪 50 年代为止，日本始终为“食”所困。20 世纪 50 年代后半期，工厂的毁灭与劳动人口的锐减导致了生产的低谷，但由于朝鲜战争而被美军要求支援，军需生产给日本产业界带来了大量的复兴机会，继而从 20 世纪 60 年代起转向产业复兴时期，即所谓高速成长的十年。

然而，给人们带来切身感受的是，以女性使用的家用电器为主产品开始进入人们的日常生活，家务劳动减少，让人们享受“穿衣乐趣”的时装专卖店大量出现，使得长达 20 年之久的生活束缚得以解除，人们开始热衷于时尚，简而言之，在解决了“食”之困后降临的“衣”时代带给我们鲜明的印象。

正如过去所有描述村落发展、城市复兴史的书籍中所述的那样，从“食”到“衣”，继而人们将目光投向于“住”是必然的。

但是，战后的日本却并未如此顺利地发展。那是怎样一个过程呢？确实，1964 年的东京奥运会与 1970 年的大阪世界博览会都是规模巨大的活动，而期间东海道新干线的开通则给予日本国民对具体化的未来以极大的希望。我甚至让长子缺席初中毕业典礼，带他一起乘新干线前往大阪世博会，可见当时有多热衷。

20 世纪 60 年代中期，盛装打扮的妇女跨过狭窄下水沟盖板的样子等被记述于风俗杂志之中。接着，购车后全家出行、私车出游等随着不久后高速公路的铺设蜂拥而至。

房地产业也确确实实地开始以预制装配式房屋、商品房、按单元出售的高级公寓等各种各样的形式展开销售攻势，但日本普通国民一般都不马上接招，宁可开着私家车进行国内游，之后才从终于开通国际航班的羽田国际机场飞往海外旅游。

并不能将日本居住环境的落后仅仅归咎于从“食”往“衣”的发展路线拐入了“旅”这条旁路。实际上，明治开化以来，可以说住宅并未有所发展，而是被搁置在一边了。与欧洲住宅风格被运用到列车、商船、酒店等室内装修上相比，在日本，西方建筑样式风格首先被运用于政府机关、学校或车站建筑物，贴上政府制造的护身符后郑重其事地配送到全国各地。人们每天来往于学校、车站检票口，开始逐渐习惯了西方建筑样式与空间组织。

不久，出现了想建造西式住宅的人，他们随心所欲地将已看惯的学校、政府机关的建筑样式风格不协调地加入到各自新建的房屋中去。

虽然这些并未超出我想象的范围，但有一天当我首次访问“明治村”时，有了极为深刻的领悟。我对明治政府意气风发的文明开化深感敬畏，同时，感悟到住宅中所融入的西方样式风格，与其说是取自私人空间的设计，倒不如说是取自于公共设施的设计。或许，在公共场合就必须使用西方建筑风格，与其相反，私人场合则使用日本传统风格比较好，这种双重性正是明治政策的本质。

衣服也是如此。外出时穿西服，在家时穿和服成为生于明治时期的人们的生活方式，这一点我通过父亲的习惯而得以重新确认。

衣食，若为其排序或许是“食衣”，可以说两者在日本文化中是一脉相承的。即便是在现代，食与衣与其说是各司其职，倒不如说与人自身的喜好关系密切。然而，时至今日，人们对于“住”的兴趣或判断力却还未成熟，这是为何呢？关于这点将在之后进行阐述。

料理与进食

最近电视节目中大量播放的是智力竞赛类与料理类节目，其次是描绘有关家庭内以及在相邻范围内常易发生错综复杂纠葛故事情节的家庭伦理电视剧。

料理节目记述烹饪顺序，配以解说，还以美食家采访记的形式反复播放美食家在各种餐馆、小吃店里的一些试吃场面，来对料理加以介绍。

令我感到不可思议的是，没有节目关心制作料理的场所、器具等，即厨房被如何使用这些问题。为此心里总感觉缺了点什么。

对于现代化整体厨房设备我也有同感。它是一个怎样进行食物制作的厨房，采用怎样的烹饪手法，可烹饪到怎样的程度，都未进行明确的说明。

稍加回顾便可知，现代化整体厨房设备是以德国进口模式为范本，是国内制造商陆续模仿生产所形成的一个产业。德国人不怎么喜欢烹饪。他们将咸肉与卷心菜等蔬菜放在一起煮，就能成为一道出色的招待客人的菜肴，因此厨房总是非常干净、整洁。本来德国主妇就被公认为喜爱打扫与整理。

而法国人与中国人的厨房则经常被弄得很脏，他们认为厨房原本就是为了制作美味的料理而存在的，想充分享受美食的乐趣。

现代化整体厨房为世间所熟知已有相当长的一段时间了。但是，形成一套完整的烹饪体系却好像并不是其本意。也许，流通结构的系统化、标准类型与丰富的变化体系才是关键。

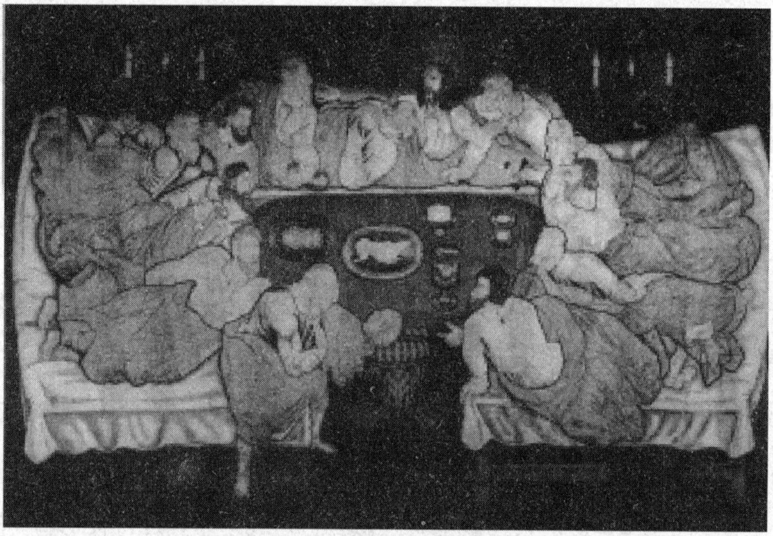

英国约 1633 年时圣坛的刺绣布。被想象为极尽严肃地围基督而坐所进行的最后的晚餐，万没想到竟是采取横卧的姿势。或许应该接受这样的画被大量遗留下来的事实。

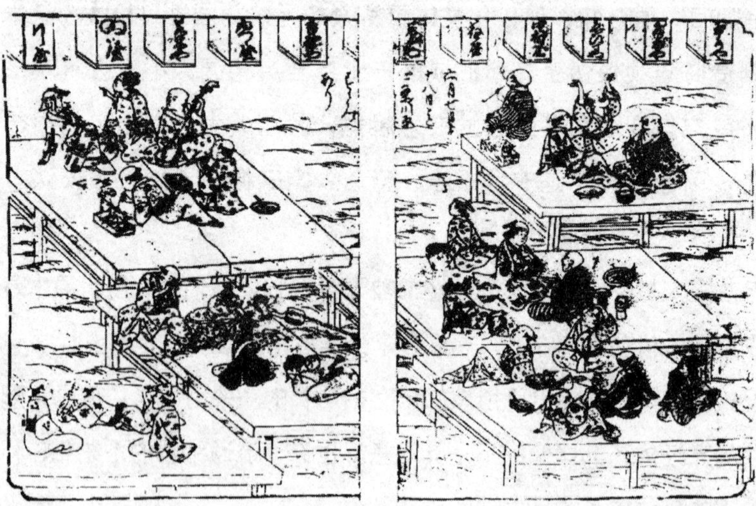

京都贺茂川的“四条河原”，将人坐的高台排列起来，让人们横卧其上吃吃喝喝晚间乘凉。

例如，厨房洗涤台的水槽底部若太深就难以使用。反之，那种使用深汤锅的煤气灶灶台还是稍低一些为好。水槽的台面自然要高于煤气灶，但在现代化的整体厨房中，一律将桌面设在同一水平面上以保持整齐。这大概是因为通常会忽视厨房劳作与身体动作间的细部舒适感，而优先考虑一眼看上去的整体洗练感。

火的中国菜与水的日本料理

曾委托我设计住宅的一位中国人，他父亲从北京刚到东京后开了一家较小的中华料理店，随后他在新宿将从父亲那里继承下来的店铺规模逐渐扩大。我将约 198 平方米的混凝土房屋设计成所谓庭院住宅的样式。L 形房屋围出一个庭院，在 L 形折角中心处安置餐厅与厨房，这是遵循以食为先的生活理念所设计的。

这栋建筑即将完工之时，发生了以下纠纷：设计中选用了成套日本产现代化整体厨房设备，但主人对所配煤气灶、脱排油烟机表示不满。经过反复的紧急讨论，最终决定不改变原来现代化厨房中用具的配置，而是在别的角落安装一台大功率煤气灶，脱排油烟机也特别订购，让厂家制造不锈钢的大型脱排油烟机，下方内侧折叠放置导油管。重新装上营业用的煤气灶与脱排油烟机，提高了煤气灶的热量与脱排油烟机内风扇的输出功率。这让我领悟到中国料理原来是火的料理。

因为日本料理主要以新鲜鱼肉为食材，所以厨房也就是放置切菜板的地方是被称为板长先生的厨师长的工作场所。为了便于食材、器具的清洗，叫作“槽”的木盒设计成无论何时都能装满水的大容量，切菜板则放在它的上面用以制作料理。虽然在日本料理中也有不少烤烤煮煮的料理，但是，可以说日本料理最大的特征就是用清水清洗食物。

与之相比，应该说中国料理属于火的料理。烹饪方法有炒、爆炒、炸、烧、蒸、熏、烘、烤、焖、焗、煸、煎等。

炒：油炒食物。该体系总称为炒菜。在短时间内翻炒食物，不仅充分发挥出食材的原味，而且也防止了营养的流失，翻炒过后菜的颜色也将变得更为好看。

爆炒：以比炒更为强大的火力，在短时间内翻炒完。

炸：油炸食物。炸菜。浇上汁后成为炸溜。

烧：烧卖不是烤成的，而是将鸡肉、猪肉等肉末，与葱末混在一起，裹上用小麦粉做的薄皮后蒸出的食物。另外，红烧是指放入酱油炖制。

蒸：蒸菜。粉蒸是指在预先调味的食材上撒上米粉后蒸出的食物。

燻：腌制的肉。

烘：进一步用合适的温度烹制食物。

烤：把食物放在火上或周围使食物烤熟，也有放在铁丝网上烤的。

焖：把食材整个油炸后进行炖制。

焗：一种烹饪方法，利用蒸汽使密闭容器中的食物变熟。

煸：将食料合在一起炒。

煎：放入少量油烹饪到食材两面颜色焦黄。是牛排、芙蓉蟹等的烹饪方法。

虽说都是烹饪方法，但各个词汇都明确提到了用火。炒、爆炒等的偏旁都是火字旁。另外，蒸、燻、煎等字下方的四点给人以小火排成一列的感觉，表示长时间地使用小火。因为中国菜用油多，故而烟也多，脱排油烟机需要很大的输出功率以便将油烟排出。

料理的三角形

原本研究民族学，之后跨领域成为文化结构人类学学者的列维·施特劳

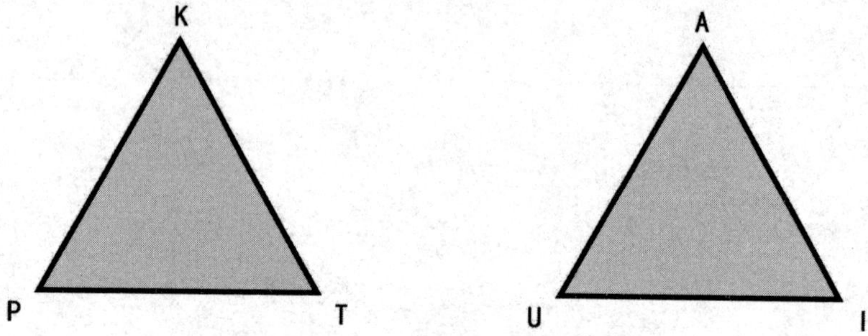

母音三角形与子音三角形两者的对比性结构。

斯，以构成语言学基础的音素间的对立结构为基础，为后世留下了一篇饶有趣味的短篇论文《料理的三角形》。该想法的契机是母音三角形与子音三角形的对比。他这样写道：

“头脑中浮现出这些区别的方法论原理，似乎还可转用于其他领域，尤其是料理领域。虽然至今为止未被充分强调过，但语言与料理这两者，确实已构成了普遍性人类活动的一种形式。正如没有语言的社会不会存在一样，无论怎样的社会，都会通过某些方法把自己食材中的至少一部分制作成料理。”

这参考了母音三角形与子音三角形两者的对比结构。

首先，在三个顶点试着放上“生的东西”“烤过的东西”“熟的东西”。从烹饪方法来看，“生的东西”处于未经加工的位置，换言之是一个无标记的地方。其余两样东西则降至两侧，处于相互对称的位置，一个是“烤过的东西”，另一个则是“熟的东西”，各自形成两个顶点。

根据文化结构人类学学者列维·施特劳斯的考察，从“生的东西”到“熟的东西”是一种自然的变化，从“生的东西”过渡到“烤过的东西”则被规定为文化的改变。

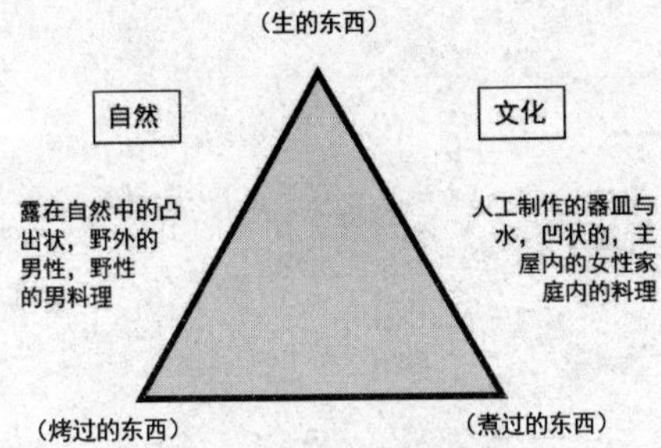

用火直接烤虽然粗野，但却正式，成为向外的主菜。比如，烤整条鲷鱼、铁丝网烤鸭。

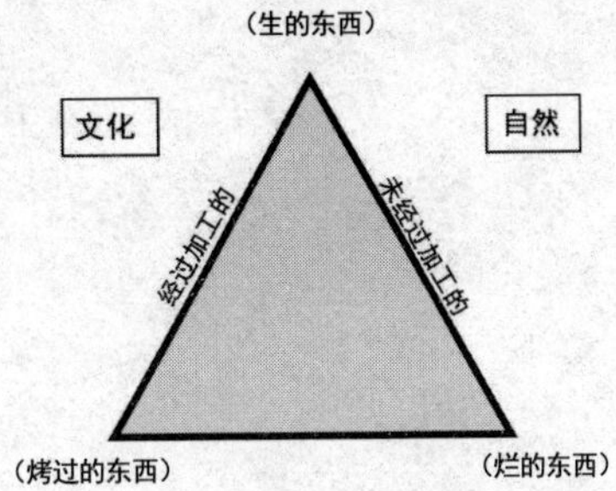

人为加工的结果被评价为文化。

然而，借用这些形式具有怎样的意义呢？从中或许会出现些新的命题。让我们再来看一下后续的发展。这些在由“烤过的东西”与“煮过的东西”构成的三角形中得到了答案。烤过的东西是直接靠近火的，与火之间只存在空气。而煮过的东西，则先是将食材放入凹陷的器皿中后用水浸没，经历了双重的媒介。两者中哪一个加工程度高一目了然。在前述三角形中，根据加工程度的不同，“烤过的东西”被放在了文化的立场，被弃于一边的“熟的东西”则是被放在了自然的立场，然而，由于“煮过的东西”的出现，“烤过的东西”逐渐被定位于自然的立场。在这里，我再次对作者的考察产生了浓厚的兴趣。

“正如最初所假设的那样，在‘烤过的东西’与‘煮过的东西’对立的背后，我们会发现‘自然’与‘文化’的对立。但是，我们还必须找到未触及的另一个根本性的对立项。即‘加工过的东西’与‘未经加工的东西’的对立。”

“关于这两者，通过观察可认识到双重类似性。也就是‘烤过的东西’与‘生的东西’即‘未经加工的东西’之间的类似性，以及‘煮过的东西’与‘烂的东西’之间的类似性。就‘煮过的东西’来说，与‘烂的东西’之间的类似性，通过诸如调味后与蔬菜一起烹饪的各种肉料理 pot pourri、 olla podrida 之类，还有德语的 zu Brei zerkochtes Fleisch（通过烹饪，使肉变熟）等众多欧洲语言中的说法得以印证。"

日本人也开始懂得，至少加工后的牛肉比起新鲜的或不怎么新鲜的更美味。

差不多该结束这种由构造论、语言学以及料理法所组成的思考过程，得出一个结论了。

一方面，“煮过的东西”比“烤过的东西”更精耕细作、复杂，清晰地向我们展示了人工与自然的对比。因为人工是在器皿与水中放入食材，在所谓沸点这一温度极限进行烹饪，所以稍加注意就不会造成浪费。不浪费是家常菜经济的本质，是“内料理”的典型。引申出与后面有关的内容凹与器等。

另一方面，“烤过的东西”则是暴露出食材，将其直接靠近火，有时很容易把菜烤焦，造成浪费。其场所无需在家中，是一种极其出色的野外料理的烹饪方法。这种男性式的烹饪，即“外料理”符合男性凸的性质。

所有宴会料理的主菜都是由烤肉成就精彩，与经济的家常菜相比，烧制物是把上等食材在适度火候中烤成的贵族菜。这也自然让人容易理解。男性的料理，虽然浪费很多，但是成功后彰显的那份奢华具有难以替代的价值。

为了确保睡眠

动物具有各种各样的睡姿。鸟类大多是用脚抓住树枝睡眠，其中还有单腿伫立睡眠的，实在令人惊异不已。哺乳类动物，诸如蝙蝠，倒挂在枝头或者有时倒挂在洞穴顶部睡眠。树懒是因倒悬于树枝的睡姿而得名的珍奇兽类，夜间捕食，白天一个劲地睡觉。这大概也应该看作是保护自身免遭危险的一种最为高明的睡姿。多数爬虫类，以及哺乳类中以熊为代表的兽类，为了在难以捕食期间进行持续的睡眠必须拼命寻找到树干中的深深凹陷处或洞穴。

对于任何动物来说，睡眠时都是处于毫无防备的状态，人类亦是如此。

畏惧夜晚的人们聚居在一起组成了村落，形成了城市。夜间警备理所当然作为一种自卫手段引起了人们的重视。

欧洲小城市很早就选用石材建造房屋，不能单单用当地具有丰富的石材资源这一理由搪塞。

征服者、支配者、进攻者，无论对其如何称呼都无所谓，总之用石材来建造房屋是为了尽量防备外敌的入侵，尤其是夜袭所避免不了的火灾，这一点稍加回顾一下历史就能明了。

人们平时所必要的东西是冬天用来抵御严寒、夜晚用以维持睡眠的厚墙。但这坚固的墙原本是用作防御的墙体，我们或许也应看出其所兼备的耐寒性能。不难想象也许住宅的目的就存在于集睡眠、生殖、育儿这些必要因素于一身的种群延续的行为之中。

从全家向职住分离发展

德国生物学者海克尔创造了生态学（ecology）一词，是由希腊语中具有家的含义的 oikos 而造出 eco 的。当时，海克尔头脑中的家是在被切割成近代小家庭前，一家三代人与从事农耕、家务活等的佣人们共同居住的复合型住宅。这就是德国、东欧各地从新石器时代到 19 世纪形成的“全家”。

家中的多数人员在一家之主的管理下，作为自律的有机体而活动，是一个从食品生产到家畜饲养，部门齐备的家。

1760 年到 1830 年的产业革命，首次将职场与住所分离开来。因为工厂成了在一定时间内提供多数人劳动的场所，人们不得不从住所出发去上班。

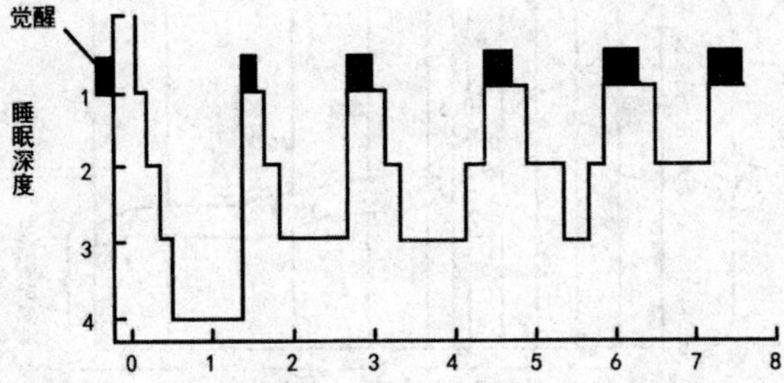

因浅睡眠时让眼球快速转动（Rapid Eye Movement → REM），故而此时被称为快速眼动睡眠。更为深层的睡眠状态则被称为非快速眼动睡眠。以快速眼动睡眠与非快速眼动睡眠组合而成的睡眠为单位数次反复，成为一个组合。这正是睡眠的结构。图示为标准的成人平均睡眠模式，从上往下依次为睡眠深度，从左往右则为约 8 小时的睡眠时间。（摘自小原二郎、梁濑庆子监修，松下电工技术研究所编著的《睡眠与卧室的科学》）

一般认为，法国大革命（1789-1799）虽说是从王权过渡到公民权，但从那时起城市住宅就开始遵循以小家庭为中心的基准，使 $H=(n-1)R+L+D+K$①这一公式浮出水面。

让我们聚焦于第一次世界大战后，在由年轻建筑师们组成的 CIAM（现代建筑国际会议）上，最先选出“最小限度住宅”这一议题。

到了现代，一般家庭夫妻白天上班，孩子也往往不在家中，平时吃饭的场所被极小化，家庭成员甚至连早餐都无法聚在一起吃，共进晚餐的情况也极为罕见。在这种周而复始的日常生活中，住宅的目的逐渐趋向单一性，仅与睡眠有关。

睡眠的组织结构

随着近半个世纪以来医学的发展，尤其是在能测定脑波之后，睡眠的生理现象开始逐渐为人们所重视。到目前为止，我们只能施展对睡着的人加以

---

① $H=(n-1)R+L+D+K$：n 代表家庭成员数，若夫妻两人所使用的卧室为 1 间，则对家庭成员来说所必需的卧室数 R 为（n-1）间为好。加上客厅 L 与餐室 D，住宅的基本间数由此定下来，该公式继而被日用与设计等领域采用。L+D+K 衍生出 L+DK、LD+K 或 LDK 等各种组合。

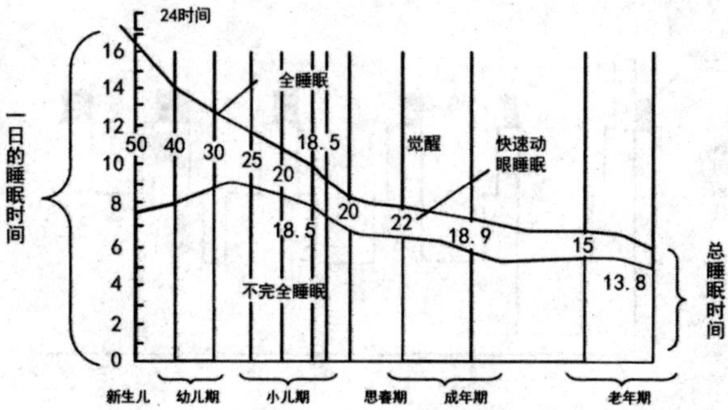

表示从新生儿期、幼儿期到老年期睡眠时间演变的图表。从中能解读出快速眼动睡眠与非快速眼动睡眠的构成比例。(摘自小原二郎、梁濑庆子监修，松下电工技术研究所编著的《睡眠与卧室的科学》)

刺激，改变睡眠环境后测定其体温及脉搏等手段。对睡眠的人稍加刺激，就会改变其睡眠状态，使其苏醒，所以要观察人连续的睡眠状态不太可能。

通过对睡眠过程中脑波的测定，人们对一些现象有了深入的了解。从入睡状态的第一阶段起，大约在第三、第四阶段才开始逐渐进入深度睡眠。人在入睡后，在一个半小时左右进入被称为快速眼动睡眠的浅睡眠。快速眼动睡眠（REM=Rapid Eye Movement）是约 20 分钟的伴有眼球快速运动的睡眠。若将从入睡到这里作为一个阶段，则人整晚的睡眠大概是由三或四个这样的阶段连续构成的。一般认为，快速眼动睡眠与做梦在时间上保持一致。

从幼儿到成年，人的睡眠时间从一天 15 小时缩短为 7 小时，到了老年更缩短为 5 小时。而且，由于人们体质及健康程度的不同，也会显示出极大的差异。关于生理方面，即内部环境的探求暂且先到这里。

睡眠环境的营造

你所居住的家如何给你的心灵与肉体带来有益的影响呢？

我想把这些理解为“住宅的环境媒介”，即人类生活的居住环境与人类感觉所接受到的一些相关媒介。

进一步来说，这种关系中最突出的部分是卧室与睡眠人之间的媒介，这大概会为大多数人所认同。因为“卧室与睡眠”这个课题对环境设计来说，形成了一个极具临界性的区域。

若论临界区域，从环境媒介妨碍睡眠这个负面条件上进行论述或许是顺理成章的。

对于闭眼入眠，耳朵听声醒来的睡眠，最大的障碍是噪声。首先不能弄错卧室在整个家中定位的出发点。不应将卧室配置在面向道路的地方、靠近隔壁人家或冷却塔所在地的附近。然而噪声并不仅仅来自于屋外，还须确保与邻室的隔墙、上下楼层间的地板与天花板的隔音性。

还有被称为白噪声[①] 的噪声。其噪声强度虽不大，但却混杂着各种频率的反复。我们可以想象一下发动机的声音、水龙头里的水反复滴下后溅起的声音。这些都是在不知不觉中影响睡眠质量的令人不愉快的噪声，经常侵入快速眼动睡眠阶段，有时使人惊醒，而且还消耗许多再度入眠的时间。为了控制光源，卧室的窗边需要人们来发挥智慧。早晨，如何处理透过窗帘缝隙

---

① 白噪声：杂音一般包括各种频率的声音，故而其频率呈连续分布状。特别是包括从最低可听频率到最高可听频率同样强度的杂音，因与白光的光谱相似，所以叫作白噪声（white nose）。

照入的阳光呢？人工照明通过对光源进行眩光处理与调光按钮尚能起一定作用，但对眺望风景、导入外部空气必不可少的窗来说，为充分发挥其作为集音、光、空气这些环境媒介于一体的场所装置的作用，仅用一般方法是无济于事的。

Carol Venolia 在所著的《环境疗法》（*Healing Environment*）一书中，关于睡眠他这样写道:

“我们知道整晚的睡眠质量决定了次日的所有活动的状态，一个所谓好的睡眠是做着不被任何事情所打扰的梦，这与身体和精神的健康有着密切的关系。……尽管如此，大多数人还是不去关注睡眠环境，这是为什么呢？大概是以为只要睡着了就会在‘无意识’中将睡眠环境忘却。”

“睡眠中体内与体表的温差减少，对体外温度的适应力减弱。如果过分升温或降温，就会妨碍睡眠。一般认为，睡眠中室温冷一点较好，因为这样体温就会在床上被很好地保持住。理想状态是，皮肤正好被床上用品适度隔热，室温（16 ~ 18 摄氏度）较好。如果盖的被子超过 3 千克，就会给睡眠造成障碍。”

该报告指出，对于室温的控制，与别的起居室相比，卧室所允许的范围更狭窄，需要更细致的处理。不仅是温度，卧室对于湿度的要求也很高。如果卧室空气过于干燥，人从睡眠中醒来时，即便是短时间，大概也会感到咽喉不适。必须根据入睡时的房间体积设定适当的换气次数，但外窗换气会有噪声。因此，这是在城市住宅中特别需要下功夫的问题。

如果能解决卧室内光、音、空气、热（温度）、气味、水（湿度）等环境媒介问题，空间本身就能凭借造型媒介被设计出来。

最后一点，必须从触觉上理解，“入眠”方要求的条件极为苛刻。体感温度虽也属触觉上的范畴，但其中还蕴含着对床单、被褥等的更多要求。

但好好思考一下，对继续寻求无法入睡的原因、被迫要求进行环境改造的人们来说，环境越改善就越缩小了自身适应环境变化的上限能力，人们开始思考生命力衰减的问题，并有可能受到睡眠问题的困扰。

第五章 | 自我形成的环境

原风景

所谓文学，可以说大多数情况下是将形成自我的环境从主观向客观过渡的一种作业。日本文坛特有的对“私小说”的偏爱，使得虚构性的以情节发展、对历史的想象性解说而见长的小说，决不会获得很高的评价。稍加回顾，也许就能发现其中蕴含着芥川奖作为纯文学最高峰的理由。

工科出身的奥野健南，一次偶然的机会写了《太宰治论》。凭借文学评论立身后，潜心研究 20 年左右，写了《文学中的原风景》，极大地影响了建筑师及众多设计师。其着眼点就是，文学家的出身、生活环境不仅构成了其作品的背景，而且成为流淌于文理根底处深层次剖析时的线索。他本人这样说道：

“我开始认为文学家的思想、气质、审美意识、成为文学作品基调的作者内心意象、深层意识是与风土、风景密切相关的。确切来说，是被称作自我形成空间的风土与风景支撑着才作为一种艺术而成立的。”奥野在著作中追求自我形成空间的特质，将其作为“原空间”“原意象”进行探索。

文章开头从自己的出生地——惠比寿南部一带描写起。在久违的小学校友会上，奥野愕然地发现同学 47 人中只有自己继续住在原址。奥野在观察东京这块狭小空间的风景如何逐渐改观中，将日本城市与欧洲城市加以比较，并从众多范文中抽取出欧美文学与日本文学中有关城市的描写。

我清晰地记得 45 年前（1945 年）空袭的熊熊大火将我家附近烧成了一片灰烬。过了 15 年，那一带几乎不露痕迹地被重建了。若没有照片的记载，这个区域几乎不会被认为消失或重建过，我也觉得建筑物的存在感稀薄到令人难以置信。

我第一次去欧洲正巧就在那时，顺路访问柏林的短短两天间留下的记忆异常鲜明。在西柏林的中心选帝侯大街残留着一座被毁坏一半的后罗马风格的恺撒·威廉纪念教堂。此举虽想将战争的灾难作为一种自我警示，但其实与其旁建起的现代风格新教堂一对照，这里曾发生过的战争的烙印就很明显了。整个城市随处堆放着石头、砖块、混凝土残骸，让人遥想起复兴所需的时间。

但是，奥野健南并未对欧洲石造文化与日本木造文化特质的对比有过多的兴趣，而是将焦点聚集于东京的平民区与山手区之间的对比。先放上一段樋口一叶《青梅竹马》的开头，我们来回溯一下明治 20 年（1887 年）江户情调浓郁的吉原大门一带的风情。

“这条巷子名叫大音寺前巷。名称虽略带佛教味道，但居民都说这儿是个红尘闹市。绕过去，就来到了吉原大门。门前的回顾柳枝条如丝，长长地下垂着。三层妓楼的灯影映射在黑沟渠里，楼里喧哗的声浪一直传到巷子里。街上车水马龙，络绎不绝，一片灯红酒绿的盛况。而从三岛神社拐弯后，便没有像样的房屋了，多是些屋檐倾斜了的10所一栋、20所一栋的连檐房，因为生意萧条，家家的门都是半掩着的。有的人家在屋外晒着用纸剪成的稀奇古怪的玩意儿，上面还涂了一层胡粉，面糊着竹签，样子活像涂了彩色的串香干。晒这玩意儿的不止一家两家，太阳刚露头就搬出来，太阳下山时就收进去，全家老小一起动手，花费的工夫倒也不少。这究竟是什么玩意儿呢？一打听原来是制造福神竹耙用的。每逢冬月酉日，神社举行庙会时，善男善女们都要买这种竹耙……”

在这个场景中，他找到了准确的都市“原风景”。他将城市作为自己的故乡、自我形成的空间，着眼于基本不变的生活空间并从中寻找安全感。联想起当今东京都市中的浮躁，这种现象形成的原因是山手区的特质。继续奥野的独白：

“从小在山手区长大的我，开始对平民区长大的作家充满了羡慕与嫉妒。

山手区有的居民把宅邸用围墙围起，自命不凡，不与周围邻居相来往，这块集合了江户武士阶层的虚张声势、虚情假意与农家出身的外乡劳动者的俗气卑鄙（被美化成质朴刚健）的区域，是一块虚伪的地方。这在某种意义上是东京的原型。”当我被奥野的“原风景”“原意识”所吸引阅读这本书时，突然意识到自己是在追求自我形成的空间。

自我形成的环境

我父亲从九州博多乡下一个叫古贺的农耕渔村来到东京，与从小在横滨长大的母亲结婚，随后生下了我。我是牛込区（现与淀桥区合并，成为新宿区）矢来出生的典型第二代。次年（1926 年），我们便住到向母亲亲戚借来的东中野的房屋里，达四五年之久，暂且算是个标准的山手人。

昭和初期（1926—1945 年），距今半个多世纪前，这一带充溢着自然的气息。我家院子里草木纵生，鲜花盛开。我还发现过一只伫立的黄鼠狼，略带金红色的毛在阳光中熠熠生辉，当我叫母亲来看时，黄鼠狼已消失不见。无论我如何解释，母亲都是不信，那种遗憾，至今仍难以释怀。夏天时，我潜入缘廊下，总会发现好几个蚁狮挖的研钵状小坑，若有蚂蚁接近，它就会把土块的颗粒迅速挑出，使猎物落入坑底，随后便立刻用它那大大的横向打开的颚展开一场残酷的杀戮。当其成虫后，对无依无靠的蛟蜻蛉幼虫的残忍更是让人觉得不可思议，我在缘廊下往往一看就是好几个小时。黑凤蝶飞进院内，在杜鹃花上吮吸花蜜，大紫蝶的蛹依附于朴树枝上。我曾终日与弟弟两人待在院内。耳边至今仍回响着小商贩们的叫卖声，有每日经过的卖豆腐的、卖鱼的，偶尔还会有卖竹竿的，到夏天就会有卖金鱼的……无论哪种声音都似风雨声、虫鸟鸣声一般，都是十分闲适的环境音乐。

不久，我对昆虫产生了极大的兴趣。小学毕业后，每年夏天我都会与母亲、弟弟去信州户隐山生活，这促使我更好地亲近自然。我寻找藏在农家外院柴堆下的天牛与扁甲科昆虫，有时还将黑姬牧场的牛粪倒翻过来，捕捉长角金龟子与大黑金龟子，这引起了周围人极大的反感。

当捕捉昆虫、制作标本的兴趣减退时，我发现自己迷上了登山。中学四年级那年的五月，我毅然决定独自一人穿越十文字山口。从轶父最深处的村落枥本出发，踏上武田通道，往西几乎是呈直线地走在一片黑檀树的缓坡上。连绵的山脉横挡于眼前，在跨越弯弯曲曲的九十九折后，最后出现在眼前的是宽敞些的坡道，在那里视野突然开阔起来，我看到了对面的另一个新空间。如果说远眺已走过的路，揣度今后的下坡路，休憩片刻是对山口处的定位的话，那么，十文字山口与一般所谓的山口结构景观相去甚远。北面的山脊一直从轶父延伸到此，经过这里的山口连向大菩萨山口。十文字山因东西向通过山脊线的武田通道与山脊线在这里交叉而得名，但一切均被密林包围，极目望去根本看不到山口的景色。此时，天空下起了连绵小雨，飘起了雾，我只得依靠路标与树干上的刀痕记号来行走。到达信州时，我发现了一个配有小水坝的临时搭建的小屋，当时的那种欣喜现在体味起来还是会紧握双拳振臂欢呼。因傍晚请求留宿于栃本落合世家旁的小房子，我早早就登了山，没过中午就到了目的地。分得了剩下的酱汤，也吃完了盒饭，但所有这些都远远比不上与人相遇的那种成就感。信州晴空万里，去往信浓川车站时我并未迷路。当结束单人行，乘上归途的车时，虽时值太平洋战争爆发的前一年，但我却丝毫感觉不到局势紧张的迹象。

进入岗山旧制高中的我，毫不犹豫地加入了登山部。在距离和气站不远的岩石嶙峋的山坡处，有一个以学长名命名的“清田陡坡”。入部半年左右，我沿着花岗岩的褶皱，紧贴岩壁进行极其困难的“z”字形攀登。冬季登山的训练则是在伯耆的大山进行的。大山寺某个宽广的山谷中积着超过两米的厚雪，我们把雪踩踏结实后，用铲子挖出一个垂直的雪壕，把滑雪板盖在上面，罩上帐篷的罩布，再盖上七八十厘米厚的雪。我在那里露营了好几次，次年夏天，我又在穗高的涸泽支起帐篷，一路艰辛地攀登了前穗的北部山脊。

我在山中投入如此这般热情，究竟是为什么呢？作为都市人的我接近自然的动机是：有什么必须要去补偿的东西吗，还是在逃避些什么呢？我非常钟情岗山市郊外明媚的田园风光，在那里即便是一个劲儿地赤脚进行越野锻炼也不会感到任何痛苦，并且能迅速进入第二呼吸状态。但我始终不能以登山运动以及进行这项运动所需具备的速跑与攀岩能力为目标并热衷其中。我在登山部印象最深刻的体验是一次篝火晚会。

那个秋天的傍晚下着雨，山脚一带的松林与山毛榉林都被雨淋透了，我觉得无法进行篝火晚会了，但是，由三年级学生组织的篝火晚会却开始了。我反复听到“折断枝头的树枝，塞进衬衫里用肚子烘干”的话语。之后，大家砍下大量的松树枝，按“井”字形堆到与人一样的高度，在最高处巧妙地用广叶树树枝搭成屋顶。

雨越下越大，大家全身都湿透了。细细看去，不知在何时，由树枝搭成的基部周围挖了一条水沟，使得上方倾泻而下的雨水无法流入预期的“井”字形中去。大家将干报纸团成一团，撒上酒精后点火，并在周围随意地堆上些树枝。火燃烧得出乎意料的旺，用体温烘干的树枝也发出噼噼啪啪的声响，剧烈地燃烧着。堆积的树枝在雨中形成一座火塔熊熊燃烧着，松树枝使火势越来越猛。我们七八人围在篝火边，默默地将手伸出、扬起脸取暖。此时，并无平日里聚会的欢歌笑语，大家只是凝视着眼前与大雨竞赛似的从大地上熊熊燃起的大火。不久，我们用残留的篝火加热了饭盒，一起在帐篷里吃了饭。

经历了这之后的我，在面对自身所具备的都市人（借用奥野的说法）的一面时，这个由在东京山手区域城市环境中建立起来的自命不凡、虚张声势与面对异乡人的虚伪的成长背景，崩溃得无以复加。

昭和 20 年（1945 年）5 月 25 日，随着傍晚的来临，美军的空袭开始了。在落到邻家的燃烧弹所引起的熊熊烈火与炙人热风中，我爬上屋顶，与人们一起传递着水桶灭火，并一边扑打火星一边激励年轻人，直到天亮。为了保卫自己的家园，整整奋战了 10 个小时。我那未被烧尽的家，从那天起住了多达 30 个因房屋烧毁而无家可归的邻居。我觉得登山训练以及在山脚篝火中曾经体验到的自我升华在这场空袭中得到了延续。

我将奥野健南提出的“自我形成空间”重新置换成“自我形成环境”。另一个能替代环境的说法我认为是“时空间”或是“时空性”。每一个人在各不相同的时空降生，拥有自身独特的经历并且成长。然而，另一方面，人并不是独立的个体，而是在各种各样的，如人与人、人与物间的关系中生存。独立存在的个体人在与所有他人的关系中，终将被纳入环境的结构中去。

第六章 | 日本的时空间

时间的气质

日本的天气变幻无常，前一刻暴雨倾盆，顷刻间却又雨后彩虹，晴空万里。夜晚还是狂风大作，天明时分却已万籁俱寂，窗外，一片白雪皑皑……人们发出“啊，是初雪呀”的感慨后，随即适应这种变化过程，身心投入其中，这仿佛造就了日本人的气质。

和辻哲郎在名著《风土》中，对同属于季风性气候的印度人的气质进行了如下解说。“接受性的，服从性的人类结构造就了印度人的气质，缺乏历史感、滥情、毅力涣散……”

旅居夏威夷的人们一定会有这种印象，每天单一重复着白昼与黑夜，不存在日本人所能感受到的季节更替。硬要说有，也只有被称为信风的这种从固定方向吹来的微风。在这种环境中，时间会被天气所溶解。

熟知中国的人，深有感触地这样说道：“在中国存在空间而没有时间。中国过分抛开了时间，一味依赖空间的扩大。与此相反，日本人则是被时间过分束缚地活着……”

在欧洲，时间、空间的关系可用一种明快的图解形式来进行说明。无论是提出“我思故我在”这个命题，为从近世走向近代的思想革命牵线搭桥的笛卡尔，还是将这句话重新说成“我感故我在”，在第一次世界大战刚结束就控诉近代智慧危机的瓦雷里，我觉得欧洲对于空间与时间的等价性或对置性，或者是两者间的兼容性都抱有完全等同的认识尺度。也就是说，感觉性次元的空间经常与物理性时间相对应。反之，空间的物理性次元则经常与感觉性心理时间相平衡与前定和谐[1] 的思想相关。我认为其中具备了使得近代科学发展的欧洲精神环境。以此为前提，就不得不重新评价日本的环境及日本人与生俱来的气质。

充分体现日本传统一面的伊势神宫的式年迁宫仪式，对现代日本人来说也显得意味深长。其意味着，原本的式样是指一个“形”，作为其实体之一的建筑物只不过是将“形”在场所上进行体现而已。兴建伊势神宫正是将这种含义作为一种最为纯粹的美学意识传承下来。

但是，这种“形”的传承，有时也会成为不问内容的容器，沦为一种形式。这与现代社会的“文化重建”“文明重建”有所关联。约定以一定时间为间隔进行更迭，从另一方面来看，可以说是为了对新老交替所产生的上下

① 前定和谐（Preestablished Harmony）：莱布尼茨哲学的根本性原理。其认为，无限个单子（monad）汇聚而成所构筑起的全世界范围内的秩序，已预先由神将各事物间的关系在最初进行了设定。所有现象均为了合乎法则，全面发展而被置以一种和谐的秩序。例如，人类个体的身心合一也可借此进行说明。

级关系社会进行保留。镰仓时期以来，武士与朝廷、幕府与公卿政治的平衡中也含有对因新老交替而产生的浓厚妥协。目前更迭的政权也正是因为日本根深蒂固的官僚政治所支撑的行政这一“形”过于强有力，从而导致首领即首相无论是谁都可以，这种官僚政治与行政的“勾结”难道不正在为大众所接受吗？

时间性空间

镰仓时代初期鸭长明所著的《方丈记》中蕴含的思想，实际上是佛教中所谓的断念心。这也许是平安时代，在宇治的平等院留下优秀建筑的藤原赖通心中对“净土欣求”的执着追求在理性上的一种体现。其中，将虚幻无常的轮回看作人世间的样态，却未曾想去找寻克服的方法，显得缺乏行动力。但是，接纳轮回，投身于流逝而去的命运的决心，又让人觉得他是在讲述一种强韧的处世术。如今这个时代的斋戒、转移方位，以及为之所进行的疯狂祈祷，也许与季风性区域对丰饶自然的“撒娇”“依赖”有关系。

神道观念中“改建、重建”的思想是作为年年都重新迎接自然的生成、发芽、开花这种生命活力的象征而形成的。那是在日常感觉中必须进行培养的审美意

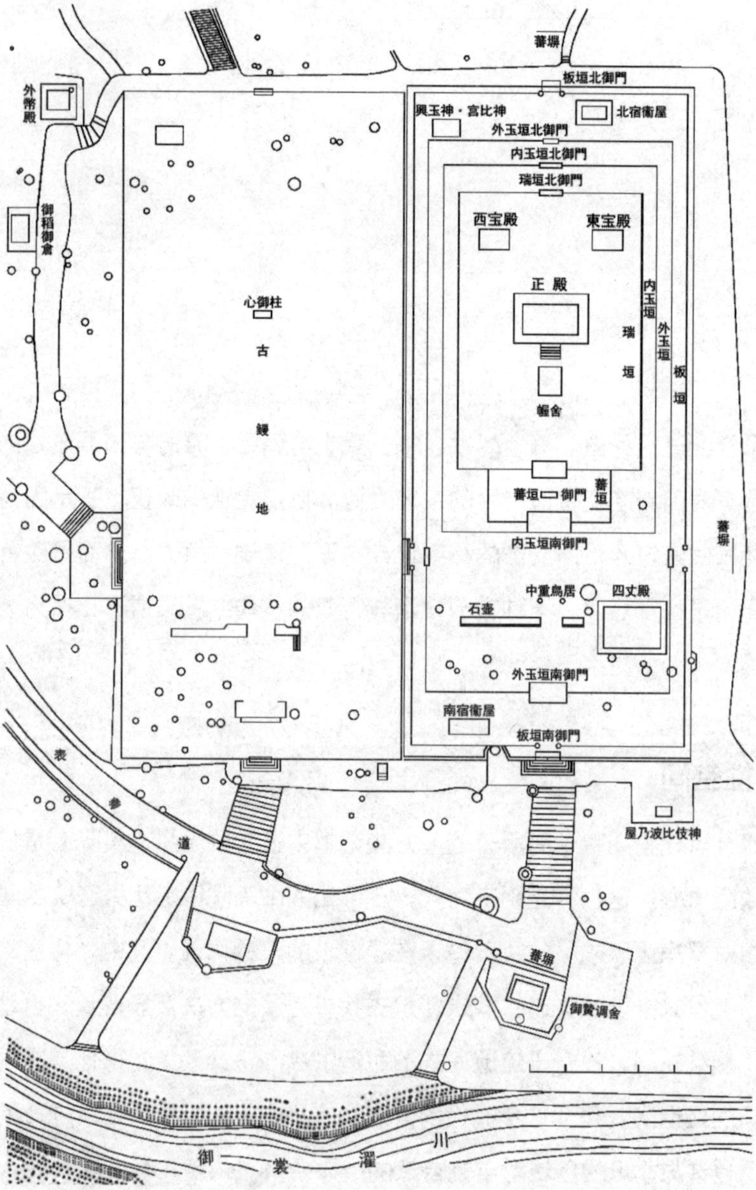

式年迁宫——伊势内宫配置图原本或许是考虑到建筑老旧化后的重建而在相邻两处每隔20年交替重建，这作为一个“形”被传承下来仪式化，为现代所继承。

比喻——平等院阿弥陀堂（凤凰堂）：不安的社会现象，天变地异催生末法思想，形成厌离秽土、欣求净土的愿望，通往阿弥陀的信仰，超越现实中的时间。将池这端比作现世，池彼岸比作净土，让西方极乐世界呈现于眼前，使人忘却尘世。

识。总之，是通过时间的尺度创造出了观察者的视点。

与此相反，佛教的无常感显然是一种宗教哲学。必须让本来就未特别自觉到与自然为一体的日本人认识到生老病死的苦恼。因此，在《方丈记》的作者的思考中，我们在感到虚无的文艺趣味的同时，也感受到了日本人出于本能的在生存方式与佛教理念上的妥协。但我认为，尽管如此，这两大理论却是实实在在地孕育了日本人感觉中的“时空性”。

我通过观察总结日本人对空间理解的几大特性，发现不能不抽出“空间的时间性”“时间尺度在空间尺度上的反映”“被时间所支撑的空间”这些“形”来看。

我们周围每天都变化着的自然，有时风雨肆虐，有时鸟语花香……从中诞生了感受性，丰富了我们审视自然的角度。在19世纪末的英国，标榜“艺术至上”的奥斯卡·王尔德则重复着“自然模仿艺术”悖论，把它作为对新世纪的语言。就日本人的感受习惯来说，描摹自然不会如同西欧那般写实，而是通过一个已有的抽象视觉媒体来定型，所以日本人理解西欧近代绘画中的抽象艺术手法并无什么困难。每天拼命追求变化中的事物并没有什么意义，必须从时间行进过程呈现的各种“姿态”中找出确切的姿态。这就意味着必

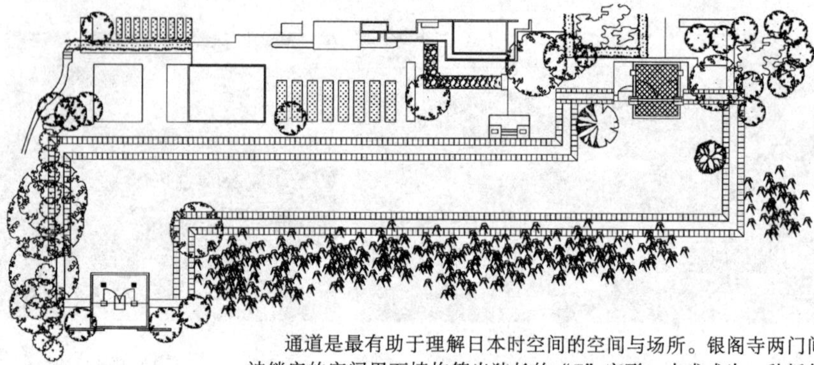

通道是最有助于理解日本时空间的空间与场所。银阁寺两门间被锁定的空间用石墙构筑出狭长的“Z”字形，力求成为一种抓住人心的引导。

须深刻理解在造型领域，日本人拥有极为抽象的构成力与象征性观察力的根本原因，即“时间”“时间的推移”“变化的过程”。

时空间的把握

关于轮回的诗歌，《新古今和歌集》已被吟唱，但从中世纪到近代，经由西行对漂泊思想的发展，到江户中期，从由元禄的芭蕉所确定下来的《通过将自身投入旅行中而诞生的诗作》中，我不禁感受到日本美学对“时空间”的敏感。

我们来看一下“一声の江に横たふやほととぎす（元禄六年）”这句诗。诗句描绘的是一只杜鹃鸣叫着飞过暮色中的大河，其余音萦绕在大河之上经久不散的情景。实际上，这句诗是接二连三诞生的三句诗中的第二句。

三句诗分别如下：“ほととぎす声や横たふ水の上”“一声の江に横たふやほととぎす”“ほととぎす声横たふや水の上”。

其中，经反复推敲的第三句虽被作为正句留了下来，但我还是中意第二句出色的构句。充满紧迫感的第二句，已不仅仅是对情景的描写。杜鹃那撕裂耳膜般的声音虽作为余音留了下来，但身影却已消失在眼前。也许这本身就不是用眼睛来捕捉的。杜鹃被喻为从日暮到夜晚一直鸣叫的鸟儿，虽未曾看到一边横飞一边留下残音的鸟儿的姿态，但作者却分明捕捉到了其疾速飞过的线形痕迹。声音入耳——音的残像决定了情景。那水不能是山中的溪流，必须相当开阔接近于海，鸟则必须是叫一声就停的杜鹃。这首诗紧紧抓住了在认识空间以前就已存在的空间本身，是划破长空的利刃收回刀鞘后一瞬间的停止。时间突然在不知不觉中被切断了，当这个切断被人意识到时，便又显现出来。时间就是这样被重复着有意识或无意识的发现。通过历史与血缘留下的情感之流，时间总与人心相联，但其就如水底沉淀的一连串带状物一般，极少被清晰地对象化。

然而，并没有像对切断空间的东西（影子）的时间的发现那样实际存在的东西。也许，连续流淌着的物理时间，永远是与具有无限延展性的空间无法关联地属于其他体系。时间因某个契机而停止，当停止物理时间时，空间的无限性被限定，空间与时间的对应关系在此时显现出来。这样的表现方式，是如何体现在建筑、庭院的景观设计中的呢？在京都龙安寺的枯山水庭园与奈良慈光院的书院中，我们能触及超越时间的同时感受得到时间存在的空间。然而，为了抓住那种紧迫与从容不迫的切身感受，有必要将自己投入到那个时空中去。

时空间的引导

暂且将时空间的形而上学放在一边，在众多神社寺院、庭园、城市街道所形成的“行道”这一引导性展开的空间区域，可看出综合了过去大众审美意识的传统手法。如果将芭蕉时空对照的改变作为形而上的东西，那“行道”与“通道”的设计也许就可看成形而下的排列手法。但以下涉及的面向大众文化的信息传达，实际上让我感受到的日本近代以来传统文化的一面，也许是一种主流……

比如日光，正是作为通往权力象征的引导路而被设计建成的大众参与的空间。若将权威作为神圣不可侵犯之物隔离开来，不允许平民接近，大概就如古代大古坟一般，在周围围上护城河。一方面，在“正面”的中心江户城处建造宏伟的护城河与石墙，与周围隔绝开来，另一方面，处于“背面”关键地位的东照宫，则通过布置杉树林荫道、石阶、石墙、灯笼等连接“行道”，在这个展开要地，采用配置门、正堂等提升大众期待度的引导手法。作为这样一个空间中更为大众化的东西，我们拥有金毘罗宫的参拜道路。如果说前

轴线上的片段——伏见稻荷。

轴线上的片段——日光东照宫：利用自然的地形，于不见整体的蜿蜒曲折的道路各重要处安置博人眼球之物，让零星的景观、人们的期待绵延不断，引导通往最后的高潮。

歌舞伎剧场。

都灵王家剧院舞台。

者是公立建筑，那后者则可称为民间开发商的表现方式。在这里，神社的正堂通道不仅使用了墙、灯笼之类的东西，而且巧妙地配以茶馆、小卖部，使得参拜道路的气氛热闹非凡。在浅草，更建成了都市平民性的引导空间，大灯笼成为众所周知的引导符。雷门与中门被锁定的商店街空间，甚至还配备了相当完善的与当地氛围相匹配的构筑体系。

戏剧原本就是时间的空间性展开，空间的时间性表示。歌舞伎的特性是在长宽比例为 4 ：1 的长方形舞台上，突出横向移动。西方歌剧院则具有与观众席同等长轴方向的深度，从舞台内向舞台前的移动相当于是在制作特写、推进效果。与其相比，歌舞伎则宛如画卷般的表现方式，创造了横向面的行道，将原来长度不足的移动大胆而果断地转移到花道上去。这样一来，西欧过去没有的旋转舞台的意义也就逐渐明朗起来。这也类似画卷，背景的横向移动如同画轴的合拢、展开一般，围绕中心轴旋转的各个场景作为舞台的延伸而被不断地补充、加强，是一种相当灵活的时空间插入。

以旅行与移动性为中心的大众文化，作为现代移动性文化而形成了日本人的特质。这在江户中期，应该说在伊势神宫参拜等集体的远行活动中已可见此类文化的原型。东海道五十三次不是以画卷的形式，而是凭借系列作品

行道之景——广重的东海道五十三次（神奈川、金谷、御油）以江户为起点所进行的五街道整修、商品货币经济的发达、带来大众娱乐的旅游热，在这些背景下作为旅游指南出版的极具人气的畅销书版画全集可以说是时空间的数码表现。

的版画得以畅销。据说是因为考虑到若是一张张地卖，则单张画作的销售情况会参差不齐。这与现代的系列书籍、唱片等成套的销售方式不是相当类似吗？就这样，画卷被集结成了幻灯片集、连环画剧。毋庸置疑，大众文化时代的浮世绘画家安藤广重深谙此道。

我认为这样的通道空间不如说是出于宗教上的考虑，营造出一种大众都能参与的场的效果。而将这种延展契机的手法发展为行而上方式的正是日本庭园。

造园的原型参照于堂前设池、筑岛、搭桥，将池跟前比作现世，池彼岸比作净土的思路而来。“比喻”的手法，在日本造园史中以各种形态反复出现。大德寺大仙院的枯山水中，天然石以不失其本真的姿态构成石头组合，让人联想起能在舞台中所使用的船。比喻的手法通过一种象征摆脱单纯的复制，以达到艺术作品所要显现的意境。日本近代艺术轻松地通过这种手段抢先走到了欧洲20世纪初叶近代艺术视觉所抓住的从抽象到象征的创作阶段。

使比喻的象征性得以提高的另一个领域是能的世界。歌舞伎画卷风格的样式写景在这里荡然无存。桥悬到方三间的舞台中所进行的表演，是在精减到最小程度的动作中，由于蕴含了无情、有情、抱怨、悔恨的感情而得到升华。

庭园的修景使得写实与抽象的各种“比喻”得以实现。其构成的核心要

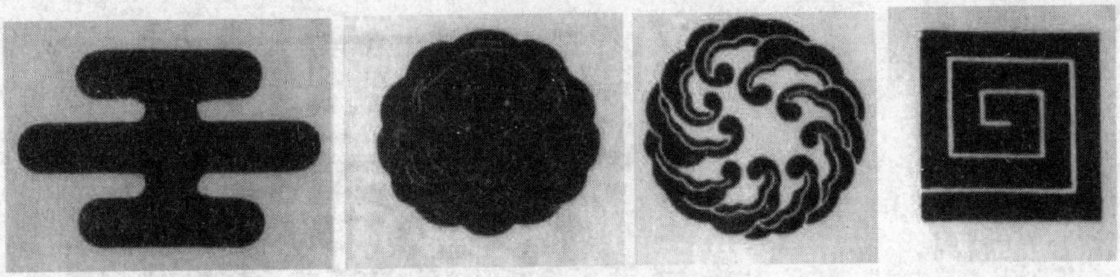

家纹——雷、云、霞、波：万象中均蕴含灵性的日本人令时刻变化着的自然在此处令时间静止，凭借将形象抽象化的方法而形成一种模式化。

素为通过空间的连续性展开而引导人行走，同时辅以极具观赏性的连续景观。在这一点上，日本的环游庭园与欧洲，特别是意大利和法国庭园的设计出发点完全不同。

行道的心、画卷的延展性、歌舞伎与能舞台，还有通道空间、庭园的环游性，这些均是植根于日本传统深处表现“时空间”审美意识的各种“形”。“形”一方面是原形，另一方面则是被反复、被掌握、被削减的剩余物，而传统则被作为残存原形的“形”。这在平面设计领域，那些闻名于世的日本图案中相当明确地体现出来。从具备百态的动植物中提炼出简单原形或图像，同时也能将雨、流水、波浪、云等气象的自然运动作为图案抓取下来。

铺设的传承

作为使空间本身具备抽象性的条件，我们拥有诸如“铺设”“准备”这些相当灵活的场景营造的手法。若要区分建筑与室内设计，室内设计是对场进行设置安排，建筑则是准备为场服务的空间。若回溯日本室内设计的发展历程，探寻其想法的原点，也许不得不追溯到平安时代寝殿结构中家具器物的“铺设”手法。作为间隔用的竹帘与幔帐、各种收纳家具、具有移动性的

陈设——宫殿式建筑的铺设：作为举行盛大仪式的场所，正殿基本上为一个房间，按需准备各种家具器物，发挥它们的效用。可以说是一个包含时间的装置性空间。（旧仪式帖 / 东京国立博物馆收藏）

铺设物，暂时构成一个具有目的性的场，而不久它们又都被分解移动。伯纳德·鲁道夫斯基在其著作 *Behind the Picture Window* 中带着从内心深处发出的惊叹与赞赏，叙说了战后不久初来日本在四国地区短居的生活体验，他将“无之美”与支撑这一理念的家具器物出其不意地出现与消失说成是某种魔术。确实，将坐垫、矮腿饭桌、茶盘与餐盘在榻榻米上任意设置，之后再收拾起来，这是一种类似舞台转换的出色表现方式。若这些东西还在不知不觉间随意移动，我们也就能理解为何这会让对西方世界尽情放置所有陈设的室内装饰快要窒息的人感觉眼前一亮。

家具器物的排列虽然抽象到相当程度，但因很好“适应”了“场”的“举止”与“姿态”，所以能与建筑构建的空间保持一定“距离”。为证明这一点，我对建筑有可能被归结为一种纯粹的抽象已进行了阐述。同时允许建筑的构建物在内部显露，这就避免了像西方一样，将建筑与室内装饰扯上关系。“日本的建筑空间中无室内装饰”，从这个角度来说，也确实如此，而说成“住宅空间保持其本色，像家具般地存在”也绝没有错。

我在上一节中进行了如下说明：将日本的空间表现作为极具时间性的东西来理解，抽象性的造型表现也许将被广泛使用，呈现各种“样态”的空间

陈设——近代住宅的日式客厅：作为上等阶层的住宅取得巨大成功的书院式住宅受草庵风茶室的影响，以茶室式住宅的形式普及开来。除日式客厅装饰（壁龛、交错搁板橱架等）外别无他物，随时拿出各种家具器物来表现房间。特别是对季节感的表现显得尤为重要。

重叠在一起时“被提炼出形”的空间。在此，我将另一个包含时间系的空间营造系统看作“铺设”的手法。由分时段设置的舞台设备构筑起的场景营造，是以剧场这一建筑中的时间为媒介的空间继起性表现，具有根据基础设施与设备这些新陈代谢法则来对现代都市结构进行说明的趋势。事到如今，已不必依赖这样的新陈代谢理论来进行解说了。“铺设”“准备”这些临时性元素的场景营造，与纳入时间链中的空间的这种双重性，它们原本就根植于日本传统性质的深处，这也许就是日本室内设计的原点。

第七章 | 从“空间”到“场”

超越吉迪恩的洞察

《空间、时间、建筑》的作者希格弗莱德·吉迪恩一直以自己曾是美术史学家海因里希·沃尔夫林的弟子而引以为豪。据他所述，老师曾教导他：对于“时代精神”的洞察是一个历史学家所应具备的素质。

沃尔夫林是最先肯定文艺复兴时代辉煌成果的雅各布·布克哈特的弟子，他同时又作为巴塞尔大学的教授，继承先师的学说，构建了艺术史学中瑞士学派的传统。

在这种过程中，吉迪恩所汲取的核心思想在于历史与其说是静态的，不如说是动态的。“所谓历史，不是单纯存放不变事实的仓库，而是鲜活变化着的诸多倾向与诸多解释中的一个过程，一种形式。……就像是对于物理学家来说不存在一个绝对的立足点一样，历史学家也是如此。”他的这种历史观表明他不原谅19世纪画家与建筑家们的失败。他谴责他们不应认为某一历史样式中的优秀形式在所有时代均有存在价值，其结果只是哥特式、文艺复兴时期风格的简单再现，从而使建筑与绘画变得形式化。

我们可以从吉迪恩的这种思考中汲取其不拘泥于绝对主义而比较相对的历史观。而现代正要进入这样一个动态的、由相对论所带来的持续的进程之中。

时间与空间的关系，在具备了吉迪恩所说的工业化社会的普遍性后，开始向更为有机、生态的方向发展。其结果是建筑是视觉上的样式这一说法进一步解体，“活着的建筑”这牵涉到环境的要素将被重新审视。

现代主义的转换

1955年在圣路易斯的Pruitt Igoe，大规模的住宅区开始动工了。建筑设计师是山崎实。他曾担任过纽约世界贸易中心大厦的设计，并于之后获得了美国建筑师协会（AIA）奖。他遵循现代主义设计原则，用钢筋、玻璃、混凝土建造了高层住宅群，同时继承了柯布西耶的观点，安设了空中走廊。这个曾被誉为美国版斯图加特理想模型的建筑群此后却经历了意外的命运……到了20世纪60年代，入住那里的居民开始接二连三地搬出这一住宅区。也许是因为居民们开始厌烦了这个有14层楼高、通过有规律的反复堆积而成的箱子建筑。以下摘自被称为新新闻主义新文学运动旗手汤姆·沃尔夫所著的《从包豪斯到我们的房子》[①]。

---

① 《从包豪斯到我们的房子》（*From Bauhaus To Our home*）：是被称为美国新新闻主义新文学运动旗手的汤姆·沃尔夫的杰作。其出色描述了美国是如何接受格罗皮乌斯、密斯以及近代建筑合理与不合理的矛盾。

翻新的鱼罐头工厂（ The Cannery ）。

“有识之士即使流落街头也一定会坚决搬出 Pruitt Igoe。市政当局也一直被市民强烈要求让 Pruitt Igoe 回归正常的生活环境。1971 年，作为应对之策，当局招集现住居民召开了业主大会，倾听一下众人的心声。以下两点使得这次大会成为历史性的集会。

“其一，从劳动者住宅 50 年的进程来说，终于有人第一次开始真正关心劳动者。

“其二，‘大合唱’。涌现出声势浩大的‘大合唱’，主旋律为‘驱除，驱除……’第二天，对策委员会也明白已万计用尽，劳动者的意见完全正确。解决方法仅此一个。于是，1972 年 7 月，市政当局将 Pruitt Igoe 正中的三栋大楼用炸药给炸平了。”

这个故事表明了从 1955 年到 20 世纪 70 年代初期，对于功能主义或现代主义人们产生背离与反感情绪的全过程。

对公共空间重编的商业环境

位于旧金山 Embarcadero 广场附近的两个古建筑经改造后，作为令人愉快的购物场所再度与公众见面了。一个是翻新的鱼罐头工厂 The Cannery，另一个则是巧克力工厂进行改造后的吉瑞德利。目前为止的超市、购物中心都是老一套呈矩形箱状的，坐落于各城市郊外开阔的土地上，配有停车场。而改造后，其建造理念与以往的固定模式完全不同，这一点一目了然。荒芜被弃的老城区再次引起了市民的关注。

波士顿的法尼尔厅市场（1975-1978），是以位于港口城市中心的法尼尔厅为中心点，辅以周围古建筑改造所新建起来的市场，重生为一个与现代风格迥异、易令市民产生亲近感的传统的三层建筑与石材铺设而成的两层广场。

就这样，从20世纪70年代中期到20世纪80年代初期，在美国、加拿大各地涌现的都市再开发浪潮中，无论是新建，还是老城区改造，都借用欧洲城市的特定场所名,从中寻求所蕴含的新意义。The Galleria Houston（1977）与Toronto Eaton Centre（1979）等位于中心地的购物中心、大型拱廊，以及众多中庭都将米兰的大型拱廊、伦敦的购物中心及以地中海沿岸特有的中庭住宅为原型，在商业空间内进行了重现，但意义还不仅限于此。这使得原本远离人流的公共空间，通过商业环境的重新编制而繁荣起来，让商业设施并不仅仅成为向顾客贩卖商品的店铺，同时也成为一个综合了公共要素的场所，从而创造了营造新城市环境的契机。

“场景营造”的手法

1981 年，在索特萨斯及其年轻追随者的组织下，标榜新国际主义风格的“孟菲斯”展首次开展。

该活动反映了时代已从机器时代进入到信息时代，同时又像在与展示活动剧本进行竞争似的，不断变换演出的场所，使得演出的构成也发生了变化。

孟菲斯的创作活动，在 ESPRIT 公司的展示厅与众多店铺中表现得更为具体，并作为一种更为广泛的文化活动展开。索特萨斯这样说道：“是在完全重塑实际的‘形’。并且，不只限于店铺与展示厅的环境，于公于私，一般来说都是包含内部景观之意的环境……”换句话说，我们是想忘记自己是在设计店铺与展示厅，而且努力意识到是在设计一个“场所”，即一个能使人放松，感到舒适，有安全感的“场所”。人们将再次被赋予某种仪式上的庄严感，即能感受到威严与强烈存在感的“场所”的创造。

这种对“场所”的理解对于我们日本设计师来说，不是相当容易的理念吗？日本传统住宅中的室内设计其实也是“场景营造”，也可以认为是从中世纪到近代数百年来，在近代受到西方生活方式影响前所延续下来的“铺设”或 “准备”的手法。

在奠基仪式与上梁的祭神仪式中，起初举行召唤天上之神的“降神仪式”，最后进行“升神仪式”。祭坛的常绿树树枝成为神下凡的“神灵附身的对象”。扁柏材质的垂直立柱颇受欢迎，人们对扁柏巨树的原木报有崇敬之念不仅仅因为其是优质的建材。神社也正被建为这种受人欢迎的适合“降神”“升神”的场所。（摘自彰国社出版，诺曼·F·卡弗·Jr著，滨口隆一译的《日本建筑的形式和空间》）

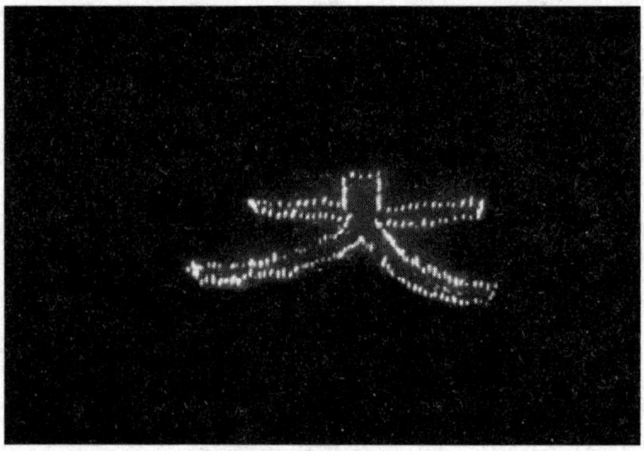

为京都夏天增彩的大文字烧是在东山连峰的前山如意岳半山腰燃起柴火的盂兰盆会（农历7月15日举行的法事）送神火。现于阳历8月16日夜晚举行。

场的理论

“19世纪后半期，新的革命性思想被引入物理学中，这些思想引发了与力学范畴所不同的新的哲学观念上的见解。”这是摘自阿尔伯特·爱因斯坦与利奥波德·英费尔德合著的《物理学的进化》中“第三章 场·相对论”开头的文章。

爱因斯坦之所以被称为20世纪的领袖人物之一，毋庸讳言，因为他确立了“一般相对论”，超越了牛顿所创立的经典物理学。但同时我们也绝不能忘记爱因斯坦为了令这一极其难懂的专业理论让一般知识分子也极其容易理解并接受而倾注了巨大的心血。一般认为，该著作还为其他学术领域带来了极大的启迪。

特别是牛顿在《自然哲学的数学原理》[①] 中提出的物理学原理，即所有现象均能在力学上得到解释这一信条遭遇碰壁，在电与磁发挥作用的世界中

① 《自然哲学的数学原理》（*Principia*）：艾萨克·牛顿（英国，1642-1727）是缔造数学、物理学、天文学共通法则的伟大学者。他于1661年进入剑桥大学学习后，就掌握了笛卡尔的几何学，开普勒的光学，不久后成为光谱分析与微积分法的创始者。其中，尤以对力学进行普及的万有引力法则的发现最为著名。经天文学家哈雷（哈雷彗星的发现者）建议，著了*Philosophiae Naturalis Principia Mathematica*一书，于1687年出版。“*Principia*”是将冗长的书名进行省略的一种说法，该书极富条理性地论述了他经数学实证的力学性自然观。

不通用。而爱因斯坦关于“场的理论”则提供了解决这些难题的“钥匙”，同时也引起了建筑师与设计师的极大兴趣。

在接触了有关法拉第、麦克斯韦的电磁场成果后，爱因斯坦这样说道：“这样看来，好像最好承认场的含义远比我们当初所考虑的要深刻。我觉得，场的性质才是与现象记述所相对的本质性的东西。”“在麦克斯韦的理论中，只要我们知道某一瞬间中的场，就能从这个理论方程式中导出整个场在空间以及时间内是如何变化的。”

下面，我一边讲述通过赫兹的实验得以证实的、由麦克斯韦理论所导出的电磁波速度与光速相等的结论，一边将其记述于下：“奥斯特与法拉第的实验成了麦克斯韦理论的基础。目前为止的所有结果，均是在仔细研究这些法则后得出，再用场的语言进行阐述。理论上发现以光速传播的电磁波，是科学史上最大的成果。毋庸讳言，这对‘一般相对论’的确立不可或缺。”

“就这样，相对论的影响远远超出了其最初所涉及的范围。表现为去除了与场的理论相关的困难与矛盾，形成更为一般的力学法则。另外，将两个不变定律置换为一个，改变绝对时间这一古典概念。并且，其成立范围决不仅仅局限于物理学的一部分，而是构建起包含所有自然现象的一般形式。”

国家大气研究所，位于美国科罗拉多州博尔德市，贝聿铭设计（1967 年）

从丹佛国际机场起飞，往西从空中俯瞰该研究所，若此时没有强烈日光所引起的阴影，根本就觉察不到其存在，完全与大地的环境融为一体。

场的理论（英语中为 Theory of field 、德语中为 Feldtheorie 、法语中为 Théorie de champ ）是近代科学的方法论之一，是与另一理论即原子论相对立的学说。力学所发挥作用的场，电与磁力所发挥作用的电磁场，都是通过一切与物理作用相对应的“场”自身的状态变化来进行传达，该状态变化根据给予空间各点场的规定量而计算出来，时空变动通过偏微分方程式进行表现。这就是电磁场理论，在重力法则中所主张的场的理论也可称为一般相对论。

不久，场的理论即便是在生物学领域，也由来自于物理学的类推而被导入发生学领域，进而更是在心理学领域特别是格式塔心理学中起到了重要作用，向着作为生活空间的场的理论的确立方向迈进。

时间与空间

三维空间中加入时间就会形成四维建筑空间。从建筑学院教师的讲义到与建筑相关的欧洲旅游的大巴上某日导游的解说词，人们在各种场合纷纷议论着这个见解。

一般认为，抽象空间是由在 *X*、*Y*、*Z* 三轴构成的空间格子中，加入适当

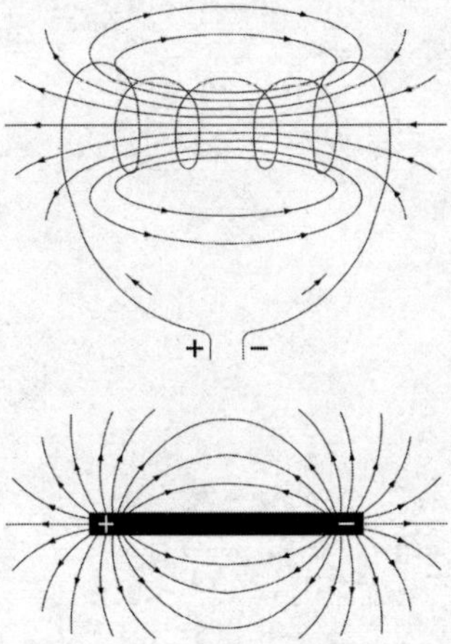

若为上图的螺线管通入电流，则箭头方向会生成往该方向持续流动的电场。下图的磁棒，亦是如此。以棒轴为中心，形成箭头方向的磁场。对于无法感知、眼睛所看不到的该电场、磁场的人来说，两者仅仅只是完全不同的物体。但共同的“场”的形状及功效则正呈现出一种真理。（摘自岩波新书出版的爱因斯坦等著的《物理学如何构建起来》）

空中悬挂所构成的立体。受过基础建筑教育的人们不知为何都会不由自主地深信这抽象的三条轴正是建筑空间的骨架。虽然日本的建筑教育倾向于工学技术系统，但学生初次入学时，却仍能凭借灵活的感性描绘出它们。

人在面对空间时，首先最为重要的就是认识到其中具有可自由运动的余地去进行体验，或者通过从某处移动到另一处，以方向感来认识空间。

这里所呈现的，并不是抽象空间的概念，而是根据人类活动经验所形成的空间。因而，这是具备身体五感与步行能力的人所面对的空间。

本来建筑的四维应该这样解释，在运动、移动途中，开始意识到时间的流逝。……所以，可以说建筑是包含空间与时间的四维体验。

在这里，我想倾听一下哲学家渡边慧在其所著的《时间与人类》中的见解：

“在时间观念与空间观念何为领先的争论中，作为空间先行说的例证，有如下意见。通常与时间相关的‘前后’‘长短’等词原本是来自与空间相关的谓语的转用。英语的‘thereafter’（其后）、‘always’（总是）等，若从字面上进行理解，是‘从那里开始接下去’‘所有方向’的意思，均为与空间、场所相关的词。而另一方面，柏格森等一些哲学

瑞诺玛（时装专卖店，大阪）尖锐锋利的并列结构形态向内侧与外侧生成“磁场”。明快传达了室内设计是指在空间中安设场的系统这一理念。近藤康夫设计。

消失（田中秀穗，1988 年），属于不锈钢与剑麻纤维艺术领域的创作，但却是构建“场”的装置艺术。

家则认为意识所直接给予的东西在时间上是持续的，他们将这作为一切哲学的出发点。”

名字被用来命名为超音速单位“马赫”的恩斯特·马赫就时间感觉进行了如下记述：“时间感觉的研究较之空间感觉的研究来说，更为困难。既存在伴随明晰空间感觉呈现出来的东西，也有不是这样的东西。但时间感觉，伴随着所有其他感觉，与无论哪种感觉都不能完全分离。”另外，前进时，我们虽感觉是在远离出发点，但这种距离在生理学上的尺度与几何学上的尺度不成比例。与此相似，逝去的生理学上的时间如远近法般收缩，各因素将逐渐变得无法辨别。

“间”的概念

在欧洲思考理念中，空间与时间是相互独立的因素。即使是从生命延续下去的感觉系统作用来看，也被认为理应取得彼此对立中的平衡。但我觉得在日本历史上，在文化根底中并未发生空间与时间的分化。

从结论上来说，将“时间”与“空间”作为互相贯通的统一体“时空间”来进行认识时，“间”的概念就开始变得有意义。

所以，“间”在水墨画的空白以及能乐击鼓声的停顿中，也能让人产生相同的感觉。

将“空间”与“时间”以“间”为契机进行连接，这或许从西方在对立项间起作用的平衡或“预定调和”的角度也能进行些说明。但是，总觉得此间的推论好像存在极限。若硬要突破此极限，大概就须看一下西田几太朗在《善的研究》中提出的绝对矛盾的自我同一这一所谓超逻辑。

我在前文所述的时间与空间的未分化这一日本文化中的认识方法难道不正是问题之所在吗?

“留出间隔”在音乐中是指时间上的停顿，并非只是时间上的空白，也不是消极的停顿，而是与时机（timing）相联系的。“房型布局”一般与住宅的设计（planning）同义通用，是指笼统地构成基本空间。一个在time上，另一个则在将空间进行水平投影的plan（plane面）上，各自附着进行时词尾是ing形式，无论哪个都不是固定的，都处于变动发展中。

从中也能明白，时间与空间无论哪个都不可能单独存在，是既相对又相辅相成的关系，并通过“间”来实现，如此考虑不是比较妥当吗?综上所述，“间”是使“关系”发生的概念、装置，但也始终仅限于抽象的范畴，无法发挥更大的作用。

奥野健南在评论集《间的构造》中使用了“关系素”这一语汇，在这个层面上，“间”也许能被称为“关系素”。

空间与场所

战败后15年日本经济出人意料地飞速发展，相继完成了众多大型项目，如大熔矿炉、大型船坞与巨大油轮、高速公路，以及新干线的开工。

这样的时代当然会全力奔赴 space 这一指向。space 作为时代属性，使得人们对自由性与开放性，无限性与运动性的向往空前高涨。在建筑上，普遍性与抽象性得以强调，特别是在空间的连续性上深获青睐。

1970年大阪世博会让我们看到了象征 space 时代顶峰与转折的两个建筑。首先是美国馆。在由空气膜构成，几乎不存在一切结构性的、单纯透光不透视的防空洞内，展示着刚完成月球探险火箭与宇航员们（当然是模型）。虽没有解说词与画外音，却让人深切地感受到建筑空间的颠覆性改观，以及“space”这个词也已由迄今为止的空间这一释义扩展到了将宇宙作为第一释义的时代。

另一个“庆典广场”则具备了空间的连续性、抽象性、开放性的所有属性，

天与山与大地——尼泊尔的高原之家。

其盛名也是源于空间框架结构，却因缺乏大多庆典空间所要求的场所性、限定性、特定性，而无法满足参加者的具体生理需求，最终沦为一个实验性装置。

20 世纪 60 年代末期，各地的环境污染开始警告人们将要发生工业时代的大转折，而石油危机则更加快了这一进程，到了 20 世纪 70 年代，人们开始具备共有生存理念，建筑本身也向着满足风土性、场所性、比运动性更稳固的安定性、比抽象性更具体的生态性欲望的 place，即“场所”的方向发展。

“场”的场

“场”能规定由时空性将空间特定化。另外，对人们来说，可通过比较运动和停顿与空间和场所来进行理解。比如，我们可以拿“旅途中”和“驿站”的关系来说明一下。大阪的船场以前是用来装卸商船货物的，木场则是把原先在深川的场所搬到了新填海地，原来只是个将海运木材扎成木筏的逗留地，是人、船、木材的停泊地。

自从登山被列为体育运动以后，岩场就成了攀岩场地，水场则成了在野营地进行野炊的好地方。这些对山野中的旅人来说，以前是在行程中难以避开的险关，现在则俨然成了一个可休息、饮水、吃便当的被精心整修过的地

水所构建的场。

城市标志——悉尼歌剧院。

方。一个不错的例子就是，熊野参拜途中巧妙配置的众多水场内均安放了石佛，成为人们一边欣赏景观，一边小憩的停留点。

“场”这个词被活用的最典型例子是在众所周知的歌舞伎表演场景中。歌舞伎是由江户平民百姓发展起来的戏剧，与文艺性相比，更注重戏剧性，特别是舞台性，属于具有整体风格性的演出结构。它将最精彩的部分作为主体，根据故事情节串联起来，与西方戏剧相比，和巴洛克手法的旨趣相近。最精彩的部分有风月场面、冲突场面、悲情场面等，还有激烈的武打场面、赌场场面。

一般店铺里有结账的地方，叫作账场。料理屋的料理长被称为板先生，是因为其一直站在厨房砧板前工作。城市里人群汇聚的一带叫作盛场，越往郊区走人越少。根据时间、位置与人动向的不同，场所的性质会发生改变，然后被特定化。

像这样被构建起来的众多的“场”，都与历史文化息息相关。

之所以这样说是因为很多人聚集在那里，靠近那里，是在寻求一种心灵上的放松与愉悦，同时也是在参与场的建设。

各种“场”因为人们的行动而结合在一起，这种连锁反应就形成了“场”的场，从中不间断地创造出人类社会的活力。

第八章 | 广场与通道

罗马广场

1960 年的罗马，时近夏末，总觉得灼热的阳光也变得温和起来。走进古老建筑物的拱廊柱子的阴影中，渗出的汗水也仿佛消退下去，让人感到心情舒畅。

罗马奥运会开幕式已过数日，因比赛而对设施所进行的调查也已大致告一段落。调查其实很简单，因为只要来到这里，就能立即拿到设计图纸等。即便是去实地考察， Luigi Nervi 所设计的 Palazzo dello Sport 与 Palazzodello Sport 大小室内运动场分别作为拳击场与排球场，在观战时都已进行过一番细致的观察。

于是我调整思路，决定向着本来的目的，即看罗马城这一目标转移了。但另一方面，压制我内心冲动的某种东西又在我耳边呢喃。

对于“看罗马”，并不应只是像一个旅行者那样轻描淡写地提一下。比如，若是想稍知“两千年的京城”“永远的京城”以及“罗马非一日建成”等这些词语的意思，不是旅游指南，而是依照历史书，在美术、建筑等艺术领域进行调查，不也有在这里住上一两个月的必要吗?

但行动理应是超越了犹豫以及对感情抑制后而产生的东西。我有十天的时间，没有优秀的导游随行。早饭极其仓促地吃了一些，八点左右便从家庭式小旅馆出来，开始了拿着地图步行的一天。在家庭式小旅馆吃晚饭也实在令人心情急躁，匆匆吃完后，我便又继续沿街外出。这是只依赖自己的脚所进行的观察罗马的行动。

探访了让人不禁缅怀起两千年前古都威风的罗马广场[①]遗址，这里每晚都举行与奥林匹克相关的大型活动。由光与音制造的古罗马各种经典场面在德国照明设计师的布置下陆续上演，再现了当时的辉煌。元老院的楼梯在光的演绎中显现出来，暗杀恺撒大帝的场景则在照明、音响以及名演员的解说配合下逼真再现。

当地的古建筑尚未完全成为废墟，仅仅是打上灯光，即便没有普鲁塔克扮演者的出现，深印于我们脑海的普鲁塔克英雄传中的屠杀场面便历历在目。

另外，还有安东尼雄辩的场面，其对恺撒伟业的歌颂与死的缅怀，以及

---

① 古罗马广场：罗马市民常说的“罗马”，是指隔着古罗马广场的低洼地，为北部的卡比托利欧山与南部的帕拉蒂尼山环抱的一带。此三点所构成的土地是长为 800 米，宽为 400 米的近似长方形图案。这里是两千五百年前罗马的诞生地。古罗马广场内曾经熙熙攘攘的宏伟公共建筑物中，保留原型的仅有元老院。众多神殿、官厅的巴西利卡，大多只是残留下倒塌的圆柱与雕像的一部分。广场尽头米开朗琪罗所设计的元老院官殿尽显其优雅的风貌，从附近赛普提米乌斯·塞维鲁的凯旋门看到的通往遥远的提图斯的凯旋门处，仅矗立着几根残留下来的圆柱。

自己作为第一继位者不久后必须为公众所接受而进行的演说场面，都一幕幕地得以再现。

也许这里是最先诞生新时代环境艺术的地方。当然，也曾受伟大的近代戏剧先驱者阿道夫·阿皮亚的影响。但当下是时间跨度达两千年之久的罗马广场，聚集在此的不仅仅是喜爱戏剧的人们，还有兼具游兴与好奇心正巧在场的人们。人们时而是观众，时而又是听众，不久就纷纷被演出的气氛所感染了。看到演出结束后仍迟迟不肯离去的称赞者们，我更加坚信会有新环境艺术的出现与成功降临。

次日下午，我又一次去了举行摔跤比赛的罗马广场的一角。昨晚的情景使我无论如何都想亲眼看一下白天的废墟。稍稍偏离广场中心的小高丘底部有个小型广场，三个残缺的小型半圆形屋顶建筑内部残余的内景朝向我这边，恰到好处地成为摔跤运动专用的三个相连的特设场地，其前面是临时观众席。

当然，我对比赛本身并不抱有特别的兴趣。不经意间映入眼帘是正在进行的古典式摔跤的中量级比赛。观众席中响着卖可乐的意大利小贩特有的唱歌似的吆喝声“可口……可乐！”一问才知，几十万瓶可口可乐都是商家捐赠给罗马奥林匹克运动会的。若将这吆喝声都作为预期宣传效果考虑在内，必须说这是一种透彻理解环境设计的广告战略。

这样的环境，使我仿佛置身于时间隧道另一头的两千年前，发源于希腊流传到罗马的这种古典式摔跤比赛，宛如白日梦，映现在我眼前。

圣彼得大教堂

还会有像这个天主教根据地一样豪华壮丽、富丽堂皇的洞窟吗?

因为其冥冥中注定是教权的中心，所以众多教王与当时顶尖建筑师们都接连不断地传承着这一事业。从 15 世纪中期起，教皇尼古拉五世开始构思教堂的修改计划，最终完成，发现竟是一个耗时两个世纪之久的宏大建筑工程。

伫立在那里的古罗马君士坦丁大帝时代建成的具有巴西利卡风格的建筑，逐渐地被改造成正面失去平衡美感的建筑。

到了 16 世纪初，教皇朱利安二世时期，终于做出了进行根本性重建的决定，设计由布拉曼特担任，新基石上记载的时间是 1606 年。

布拉曼辞世后先是画家拉斐尔，然后是桑加罗继承了这份宏大的工程。桑加罗之后担任圣彼得大教堂主设计的是米开朗琪罗。长尾重武在其著作《米开朗琪罗的罗马》中以《桑加罗方案的放弃》为题做了如下记述:

“如果就这样按照桑加罗方案进行施工，则必须拆毁保利纳小教堂、教

罗马教皇西克斯图斯五世将埃及的方尖塔建于最为重要的位置，考虑把其作为整个计划的作用中心点，然后稳步实行整个计划。在圣彼得大教堂被几个巴西利卡建筑群搞得乱七八糟的 1586 年，方尖塔建了起来。

皇厅上诉院等其他众多建筑。不仅仅是这些，此方案中的内部采光也不理想，还有错综复杂的隐蔽处，将成为犯罪的温床。”米开朗琪罗在给巴尔托洛梅奥的信中如此判断到，这些让米开朗琪罗觉得方案中存在着致命的缺陷。

米开朗琪罗敌视布拉曼特的谣传煞有介事。基于米开朗琪罗与布拉曼特的对立构图，后人经常勾勒出米开朗琪罗上述的形象，但事情好像完全没有那么简单。因为根据信件来看，米开朗琪罗其实是高度评价了布拉曼特。他论述道，布拉曼特的圣彼得大教堂方案无丝毫混乱之处，明快纯粹，且采光也相当好，无论哪个部分都无可厚非，只是桑加罗明显远离了布拉曼特方案，远离了真实。

米开朗琪罗放弃了已建成的桑加罗设计的半圆壁龛外侧的回廊部分。正如瓦萨里所说的那样，米开朗琪罗虽然缩小了圣彼得大教堂的规模，但增加了其壮丽的程度。

米开朗琪罗毫不犹豫地调整了圣彼得大教堂的工程管理体制，因其迅速地提出了颠覆以往的设计方案，自然让人十分吃惊。

他完全没有接受桑加罗的方案，对布拉曼特单纯、明快的设计思路表示了赞许，对之后的变更提出了异议，希望再次回到布拉曼特最初的想法，并有所发展。

从当今视角来看，我们好像能总结出以下几点：确实如果没有布拉曼特，大概不会有圣彼得大教堂构思的诞生，但如果没有米开朗琪罗的出现，圣彼得大教堂可能也就无法得以建成。

但问题却并非如此简单。约于1640年，基于以色列·亨丽埃塔（Izuraeru Henrietto）所描绘的蚀刻，按米开朗琪罗构思而建成的圆顶正面呈现出一派浓墨重彩的巴洛克风格，但其左端却被安上了两层塔。正面由卡罗·玛丹纳设计，两层塔由贝尼尼设计。

下面希望大家看一下乔凡尼·巴蒂斯塔·皮拉内西（Giovanni Battista Piranesi）从正面所描绘的蚀刻。大教堂正面边上附着的两层塔已被拆除，前院则早已被由贝尼尼所设计的壮丽优美的柱廊从两侧将方尖塔柔和地进行了包围。

我想在此关注一下埃德蒙·培根（Edmund Norwood Bacon）对圣彼得大教堂的一番颇有意思的洞察。

现在看一下古老的巴西利卡前矗立的方尖塔。埃德蒙·培根（Edmund Norwood Bacon）注意的是方尖塔所起的作用。他如是说道："西克斯图斯五世为使圣彼得大教堂的规划具备将来性，考虑采用埃及的方尖塔。根据在

威风凛凛的圣彼得大教堂，显而易见位于方尖塔所引导的中心轴处，对于场的形成发挥了巨大的作用。图为贝尼尼的椭圆形柱廊快完工时由皮拉内西所描绘的蚀刻。

西班牙广场的喷泉。贝尼尼的作品。通往圣三一教堂的阶梯还未动工。

西班牙阶梯与圣三一教堂相继显露身形。

此列举的几张图，也许能循序渐进地看到从西克斯图斯五世竖起方尖塔的1586年起，到贝尼尼设计的柱廊建成的17世纪40年代后期为止，在此都发生了些什么。

“上述是使用了巴西利加设计所带来的影响力，在该工程的实际订货人西克斯图斯五世故世后80年，才变得意义明朗起来。这与他生前强硬地推行强权完全无关。”

“方尖塔构建的空间位置，成为之后整个结构的指针。这是因为方尖塔的存在事实已陆续为负责该工程的一代又一代人所知。”

埃德蒙·培根（Edmund Norwood Bacon）指出，决定把方尖塔建在那虽是教皇强权的产物，但所选定的方尖塔及所建在的位置，在教皇死后，也作为空间环境上的诱导物而具备持续的生命力及象征力。

关于这点，从1586年始建方尖塔起，到拥有贝尼尼的椭圆形柱廊圣彼得大教堂完工为止，我的结论是“场”的持续作用促成了这一连串的建筑活动。希望大家再度回想一下眼睛所看不见的磁场作用与电场作用明确组合在一起的“场的理论”。方尖塔难道不就是一块垂直竖起的巨大磁铁吗？其周边所出现的建筑都是基于这个磁场作用而形成的。当然，这并不是凭借物理学理论就能被证明的。

此外，认为方尖塔与金字塔一样，隐藏着埃及天文学的神秘性，这一想法也稍显勉强。但是，退百步后观望，贝尼尼的两对柱廊与在其近似椭圆中心处所设的喷泉用磁场理论来解释就无法令人满意了。不如说是方尖塔所带来的“场的力量”制作了一条完全贯通圣彼得大教堂中轴的轴线。不可能看到完工情形的西克斯图斯五世若是在看透这一切后才命令建造方尖塔，那教皇真可算得上是建成卓越环境的大牧师了。

另外，教皇还可能是想预言，他以权力意志与强大构思力的造型家们意见相碰撞的这个时代为契机而诞生了巴洛克罗马风格。

在走向圣彼得大教堂的贝尼尼广场途中，由于换了方向，我对于其所要表达的东西才有所领悟。此前即便反复盯着地图与布置图看，我也仅仅觉得其无非是为建一个圣域而做的一个纪念性的变形。

当缓步走近耸立着方尖塔的圣彼得广场时，像有一股强大的力牵拉着我一般，一走到广场入口处的另一个前广场附近，我就明白通道的逆远近法起作用了。进而，为使大教堂的正面处于中间位置，从柱廊到通往内部的闭合走廊一律延伸下去，让人感到正面极度地迫近。

继续走近方尖塔，会发现广场路面开始变得不平，有相当的坡度，喷泉周围又开始隆起来，让人感到这里是要放缓脚步的地方。而且，贝尼尼柱廊的圆心既不位于方尖塔处，也不位于左右的喷泉处。这种可能是在规划的实施过程中，逐渐变得意图明显的几何学错落有致的外观，慢慢震撼了我。这种感觉大概正是巴洛克风格幻觉效果的法术构成。

渐渐临近的教堂正面，虽然柱廊群一点都不具备造型，但却更为强烈地吸引着人们。我在不知不觉间被吸入半圆球中，当意识到自己是在靠近贝尼尼设计的被称作 Baldacchino 大华盖的中央祭坛时，重新理解了设计师为了再次挽回天主教的威望，在设计这壮丽至极的洞窟时，追求着一种多么强烈的设计理念。

巴洛克的构成

由贝尼尼的父亲乔凡尼・洛伦佐・贝尼尼设计，之后雕刻而成的 Piazza DiSpagna 船形喷泉，与其说它是喷泉，倒不如说它是饮水处。从不同的角度看上去，又像是两只青蛙尾部相对地蹲伏着。广场自然是由该喷泉周围的平石板铺就而成的，但切实的感受是，德・桑克蒂斯・F（Francesco de Sanctis）与亚历山德罗・斯贝奇（Alessandro Specchi）设计的西班牙阶梯（俗称）更让人觉得是主角。面向 Chiesa della Trinita dei Monti 圣三一教堂双塔上的 134 级台阶果然不只是单一的阶梯通道。中部鼓出的木桶状阶梯平面恰好成为礼堂中的观众席。

在这里，要再看一下 Bacon 所理解的巴洛克连续景观轴。面对着这个建于 1589 年的罗马人民广场（Piazza del Popolo）孪生教堂，可见从其左边延伸出的马别诺路（Via del Babuino）一直伸展到西班牙阶梯下。走上阶梯广场，在 Chiesa della Trinita dei Monti 圣三一教堂的正面向右拐，又是一条直线形的通往街角处环抱喷泉的昆特罗丰塔内路（Via delle Quattro Fontane）。

将巴洛克建筑体及广场作为素形，比如椭圆，因有两个中心，所以可将其作为不想受唯一中心支配的动态场所来理解。但连接场与场之间的道路几乎都顺畅地一线贯通。

作为休息、停留以及被建筑群所包围的景观瞭望点，贝维德雷宫以其独特性与各景观形成竞争。

连接场与场的直线形移动、供人逗留、空间扩大，连接这些空间的道路性以及连接适合游行的剧场都市罗马各场景的巴洛克手法，是城市环境设计的重要策略。

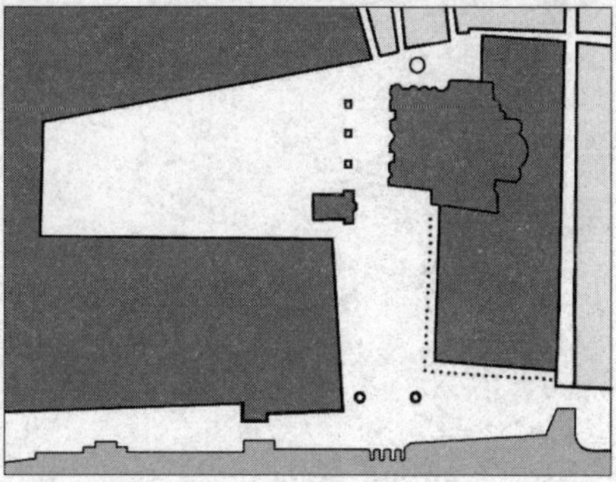

圣马可埠头位于通往威尼斯大运河的入口处。总督府的柱廊将踩着石板路纷至沓来的人们引向圣马可大教堂。整体呈“L”形的折角处建有钟楼。深部的广场是为了让人们能从远方更为有效地眺望圣马可大教堂的景致，以及在柱廊包围下进行宗教性庆祝祭祀的集会。

圣马可广场

此刻威尼斯共和国总督乘坐金边船刚从遥远的东方归来，该船放下所有帆，以即将靠岸的姿势横卧于圣马可港口。

完全西倾的夏日阳光洒在船体上，陆地上眺望的人们眼中摇曳着闪闪发光的金波，排列于广场上的乐队吹奏出嘹亮的喇叭声，迎接总督下船的仪式即将开始。

这是当时大多数画家们都乐意描绘、引以为豪的情景，之后，英国水彩画家透纳创作了倾注其灵感的完美作品，上述的场景在画里得以展现。

威尼斯共和国是中世纪头号海运国，拥有从交易中获取的巨大财富与为保有这些财富而创建的强大海军力量。不仅拥有威尼托地区，还拥有地中海周边的据点。但是中世纪是最为信仰天主教的时代，即便是坐拥巨额财富的威尼斯，也有必要拥有成为信仰中心的象征物。即便是作为繁荣的港口城市，不，正因为是繁荣的港口城市才更需要能成为市民信仰中心的东西。

如此用心良苦的秘密，实际上隐藏于圣彼得大教堂的成长史中。我们认为，初期的总督们并没有太深的信仰。大概交易与借交易之名的掠夺、海盗行为在海上是相当普通的事情。并且，总督府中的礼拜堂也只是一个形式上

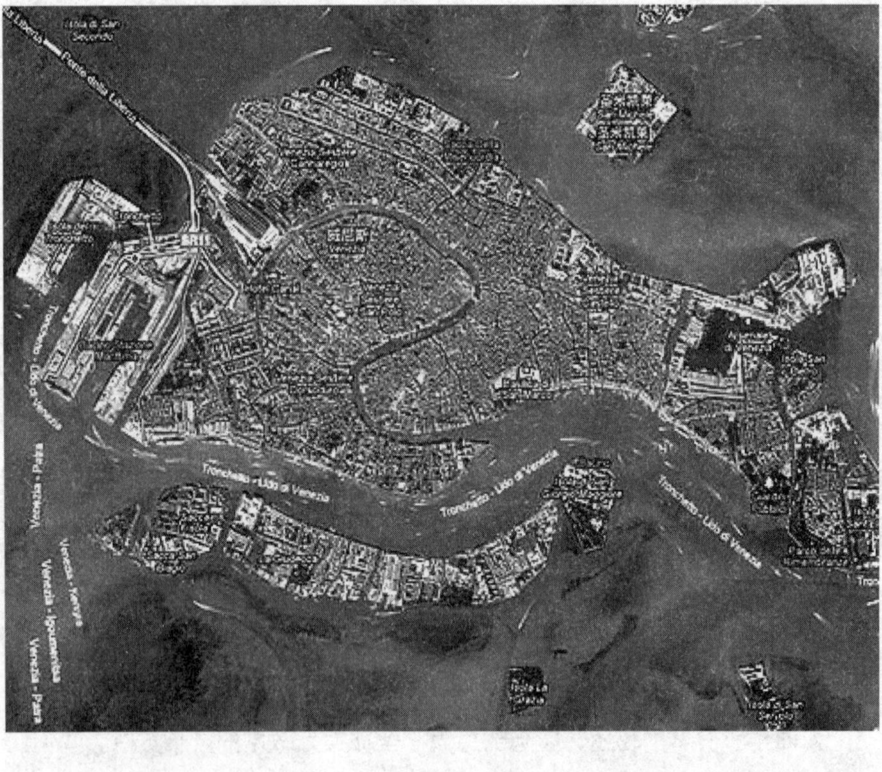

威尼斯地图：双拳互握的形状构成这个被称为亚得里亚海珍珠的既古老而又崭新的城市。威尼斯大运河似将两者联系起来一般。

的小小的、私人的东西。

我终于找到了那个非常想找的象征性东西，那就是东罗马帝国版图中亚历山大教堂内圣徒圣马可的遗体。亚历山大原来是埃及最大的繁荣的港口城市，繁盛之时拥有 150 万人口。位于尼罗河三角洲西端的亚历山大在埃及衰退之时，沐浴在地中海的希腊文化中。

圣徒的遗体一经发现，即刻被夺，装上军船运往威尼斯，圣马克教堂是为庆祝这件事而建的。

在这里，看一下圣马可广场三个阶段的形成过程，一开始是采取巴西利卡形式，大小两个教堂逐渐演变为中央高高圆顶、周围附属四圆顶呈十字形排列的大教堂，对于这种变化，我们只有惊叹地去接受。像被总督府抱拢着建造的大教堂面向广场发挥其作用，不久又拆除了位于边角凹陷处大钟楼广场一侧的建筑，在扩大广场面积的同时，使大钟楼独立于“L”形广场转折点的中心处，更加明确地发挥其作用。

现在我们所见的圣马可广场是仅作为一个观光的舞台，为向我们展现其九百年前的状态而建的吗?

但是，这个城市希望成为综合了港口城市威尼斯的玄关、通往大运河的入口、信仰中心及市民广场各种功能的城市。

这个城市至今仍不断拒绝陆地上的车，大小运河流淌在保留着中世纪风貌的街区中，人们将这个幸存下来的城市称为亚得里亚海的珍珠。

众多建筑学家与历史学家活跃于向国际性机关寻求保存与修复的援助中。这也大概是因为这个城市不单单是属于意大利的，更是远远超越了作为一个意大利城市的价值，是宝贵而独特的彻底的人工环境，对于这一点到访过此地的所有人都会懂。

众多城市历史学家反复强调，中世纪自发（无计划）建造的城市在文艺复兴时期，凭借理性之力而被有计划地建造起来。若果真如此，那这个中世纪的城市威尼斯难道就未兼备计划性吗？回答当然是否定的。若果真如此，那像这样能自然流露出计划性的威尼斯，大概已经是在力求脱离中世纪了。

我再次将地图拿在手中，行走，止步，之后眺望四方，在与以往一样的观察路线中，不知不觉中习惯了无论是以什么方式通往哪里，最后都会返回到圣马可广场的这种道路结构。

类似的情况，我在意大利别的城市，比如佛罗伦萨、锡耶纳，更小的佩鲁贾，极小的斯波勒托也体验过。

但是，在威尼斯各城市的共性中也点缀着些许不同的样态。对初次的旅行者来说，近似迷宫的圣马可周围密布的通道完全不能说是普通的街景。

首先，那里有由小运河的水连接而成的海路。另一方面，那里有跨越海路的桥与沿着运河蜿蜒的人行道，即陆上道路所形成的变形格子。这两种路的构成方式错落有致，既有错开，又有重叠。若道路稍稍隆起一点，挨着桥头小小游览船码头的餐椅、餐桌就能多放些，这会令餐厅主人欣喜不已。沿着运河在走到建筑的墙壁尽头时，可看到一条先前看不到的通道，在穿过建筑物的隧道方向发生弯折，过了该隧道后，出现了一座新的架于小运河上的桥，游览船载着欢声笑语的游客络绎不绝地划过桥下。观者与被观者间的联欢，将白天的威尼斯营造得无比欢乐。

所有陆路均通往圣马可广场，而所有水路则均通往威尼斯大运河，而弯折成一个大大的“S”形的威尼斯大运河则只通往圣马可广场港口。

夜幕降临时，广场两头一角各有一支小规模的管弦乐队开始演奏。一处弹奏着流行小曲，另一处则演奏着莫扎特与勃拉姆斯。

阵内秀信在 1978 年所著的《城市的 Runesansu》，无论是罗马广场还是博洛尼亚的柱廊，都在轻快笔致的描绘中，尽显最初留学地威尼斯的生动，

圣马可广场、璀璨的港口城市威尼斯的魅力虽然白天略有褪色，但夜晚管弦乐高贵的余韵仍久久不散。

令人受益匪浅。

在这里，我们知道了被称作 Piazza 的只有圣马可广场。也知道了，以前以小教区为单位的众多岛屿（即由小运河的水路划分出的区划）中心的地区广场被称作 Kanpo，在那里兴建了不与海水交汇的贮存雨水的井。

进而，我明白了这本书标题中的 Runesansu 一词并不是 15 世纪文艺复兴的意思，而是意大利语 Rinascente 的法语读法 Runesansu。通过重新通读得以明了，其恰恰使用了“重生”这一本意。

中世纪世界霸主之一的威尼斯将千年的遗产流传至今，理应是向全人类寻求它们的保存与重生。但充满这种生存的悲壮感的诉求也像被搁置在某处被遗忘了一般。这无与伦比的城市，具有令人钦佩的沉静，每天都生生不息。

卡米洛·希特的考察

19 世纪后半期在卡米洛·希特短短一生的末期，像遗书般留下的著作《根据艺术规范建造的城市建筑》[①]（Der St·dbau Nach Seinen K ü nstlerischenGrundst·tzen） 是一本欲从广场结构来看欧洲各城市特性

---

① 日本所出版的书名为《广场的造型》。

的书。虽然论述有些古风，但为关心现代城市环境的人打开了一片绝对不容忽视的视野。

“那么，古代广场若不是一种剧场，又是什么呢？……总之，古代广场对于整个城市来说，相当于每个家庭的中庭，可以说是有序、充分装点好的中心大厅。”

“即便是中世纪与文艺复兴时期，被盛装装点的这些广场也是各城市的骄傲与喜悦。广场里人来人往最为频繁，充满活力。举行公共庆典，上演节目，公布法律。为了满足这些实际需求，仅仅一个广场还不够。意大利根据共同体大小与政体的不同，使用了两个或三个主要广场。所以大多数情况下，在古代完全不为人所知的‘教会权力与市民权力的区别’也在广场上特别清晰地体现出来。为此，大教堂的广场通常与洗礼堂、钟塔、主教馆一起成为独立的集合体而被分隔开来。市民广场即西纽利亚则与它们分开，作为市场的广场而与前述的任何一处都未相连。”

在文艺复兴的首都佛罗伦萨，市政厅前的广场远离布鲁内莱斯基的苦心之作圣母百花大教堂[①](俗称 Duomo 广场)。广场名为西纽利亚，即市民广场。

---

① 圣母百花大教堂(Santa Maria del Fiore)：花之圣母教堂。文艺复兴之都，佛罗伦萨代表性的美丽教堂。

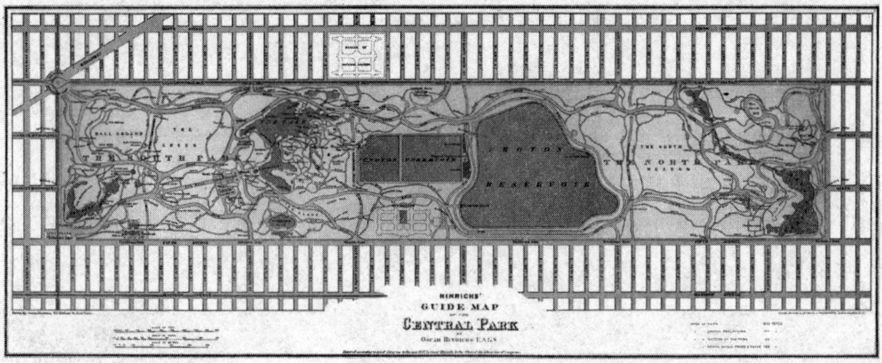

中央公园、纽约、曼哈顿。

在离佛罗伦萨不远的西耶那有包围教堂、主教馆的 Duomo 广场与从中世纪以来至今仍进行着地区对抗性赛马比赛的葡萄牙广场。在扇形的枢纽处建有市政厅。在面朝整齐的中层高度建筑立面围绕着的广场正面，屹立着高于周边的建筑物——宏伟的市政厅。记载着时间的钟楼，像全然不顾平衡比例般矗立着，一心要讴歌市民权在教权统治中所保有的独立。

卡米洛・希特的考察从某种意义上来说，被认为是对 19 世纪欧洲进行的弹劾。卡米洛・希特将从中世纪到巴洛克时代建造投入使用且尽情发挥广场作用的时代，与 19 世纪资本主义时代所带来的形式上的功利性的、创造力枯竭时代在所有方面进行折中的广场及城市规划相比较，也许想针对后者创造力与原本功能性的缺乏进行论述。这对于 20 世纪末的我们来说，也能充分地理解。

中央公园

初次拿到曼哈顿岛地图的人，从其南北纵伸的十几条大道与东西向细密横穿的街道所构成的规则分割中，一定会感知到与日本城市所不同的人工城市框架。其所构成的图形样式不是一般的围棋棋谱，而似乎是一幅将大道用

绵羊草原东南方的景致被中央公园西路的公寓所遮挡。第五大道的广场大饭店与中央公园南路位于右端。照片向我们展现了奥姆斯特德与沃克斯如何通过不规则的形状与自然的植树构建起这个巨大牧场的。

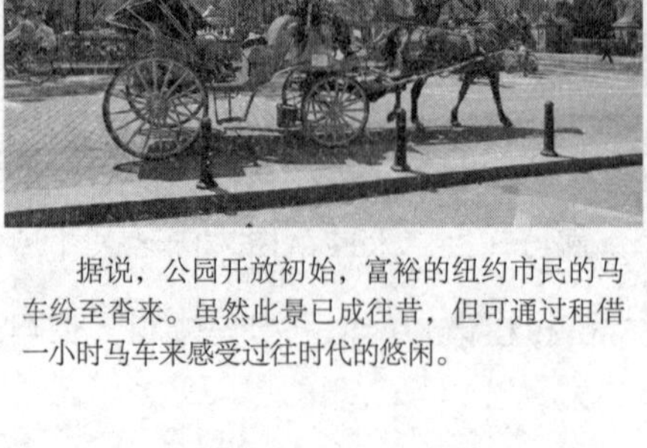

据说，公园开放初始，富裕的纽约市民的马车纷至沓来。虽然此景已成往昔，但可通过租借一小时马车来感受过往时代的悠闲。

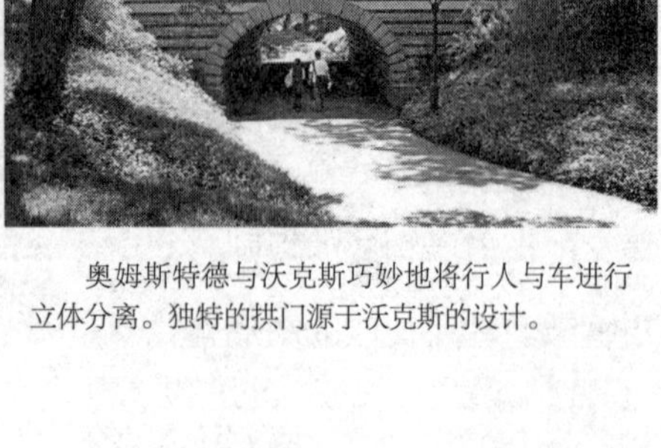

奥姆斯特德与沃克斯巧妙地将行人与车进行立体分离。独特的拱门源于沃克斯的设计。

粗的竖线稀稀拉拉地穿过、将稍细一点的街道用密集横线条穿过的编织品。

无论是谁都一定会被这个威风堂堂呈现在条纹织物状的曼哈顿中轴稍上部的巨大开放式空间所吸引。这正是相对于以高度闻名于世的纽约摩天大楼群在垂直高度想借以水平沿展构成平衡的大规模环境结构所必须的中央公园空地。

公园的东西宽度约为 0.8 千米，南北方向从第 59 街处的中央公园南路到接近哈莱姆开始处的第 110 街为止，约 4 千米，面积正好是 330 万平方米，能造好几条宽敞舒适的高尔夫球场球道。在大地上扎根的巨岩随意地暴露在地面上，让人了解默默承接住数千幢摩天大楼的曼哈顿岛岩盘地质的坚固。

已是树木几近褪失绿色、池中落叶沉淀的季节，Skate Arina 此刻正专心致志地进行冬季水面的造景。

中央公园首次把问题提出来加以讨论是在 1850 年，在此之前，欧洲旅行在富裕的纽约市民间逐渐变得受欢迎起来。特别是各国王室的城堡与庭园的许多游记也将此作为“书”的立足点。

不久，纽约市民们开始越来越迫切地想拥有一个出色的公园。据说，在 1850 年的市长选举中，两位针锋相对的候选人均在竞选演说中对大公园建设进行了讴歌，因而显得很有意思。那个时代的气氛，对于目前伫立在中央公园之中的我来说，依然能情不自禁地感受到。

数日后，我在访问新泽西州丘陵地住宅的归途中，驾车在公园中开了一圈。越过哈德逊河，下行的车子不久便被卷入高峰时间的交通堵塞之中，之后便从公园东北方入口进入到了停车道上。驾驶员顺着车道平缓地转弯，途中景观层次的变化呈片段式展开，对行驶者来说是极为舒适的。各种各样的松杉柏枫在岩石的映衬下色彩缤纷，草地上星星点点。这对步行者来说稍显松散，而对自行车车手或跑步爱好者来说则是恰到好处的风景。

之后，我在公园地图上进行确认，发现纵向的两条行车道向两边延伸，横贯东西的四条横道均以立体交叉的形式呈现出来，我也终于理解了为何先前会在高峰时间内来到这里。

但是，这种理解还比较肤浅。与最初的设计者弗雷德里克·劳·奥姆斯特德及其配合者卡尔弗特·沃克斯所描绘的理想存在着巨大的差异。

奥姆斯特德的设想基于一种哲学，认为公园首先应是一件杰出的艺术作品。相对于周围所排列着的建筑物那单调的人工性，应始终保有自然的特性。并且，也应向大众提供只有富裕阶层才能获得的到远方去旅行的机会。

派利公园，1967 年。

为此，计划保有公园的整体性，将游园者从所有交通危险中解放出来，融入于 19 世纪前半期理想英国庭园之一的如画般优美的风景之中，可以说立体交通仅仅是其中的一项必要条件。

袖珍公园

像背心口袋般小的公园，最初在纽约面世，并以此被命名。

1967 年于东第三大道 53 街建成的派利公园正是这样一个公园。

市内还有众多不像中央花园那样过大的公园，即便不到公园的规模，也到处留有为市民所设置的可进行投接球练习、开小型运动会的空地。但是在进入 1960 年后，这样的开放式空间逐渐成为有治安隐患的场所。并不只是偷窥、性骚扰，还有抢劫、强奸这些刑事犯罪行为在这种谁都能进入、私密性较好的公园中发生。

袖珍公园作为与大型、中型公园的反命题诞生了。其视野颇佳，夜晚的照明也很充分周到，最为重要的是，它设在热闹且离人们聚集地较近的地方。

派利公园就建成于大厦林立的街道正中央不满 330 平方米的空地上，地板由混凝土与石头铺就而成。正面内部高约 5 米、宽约 10 米的墙被设计成

广格林埃克公园，1971 年。

瀑布，瀑布内安上了照明。圆形桌子与椅子在瀑布前排成一列，还有整整齐齐的由两列植树形成的几何形空间，也可以说是一块毕达哥拉斯式的空地。晚上八点过后，当我经过这块空地前方时，人们正在用胶皮管内的水仔细冲洗地面与墙壁，可看出被精心打理过，而纽约大约 10 年前的垃圾堆积如山、被随意地丢弃于市内各处的景象已完全消失了。

我想起了园林家 Ian Makka-gu 对于带内天井的房子曾经这样谈过："所谓带内天井的房子是在屋外建一个房间，而并不是在室内造庭园。"我反复体会这句话的深意，觉得确实如此。这种在屋外建成的像房间般的小空地，一定可以牢牢抓住纽约市民的心。

不久，在 51 街东第三与第四大道间，由洛克菲勒财团出资，建造了精巧的 Greenacre Park。我住了近两周的公寓，因为离它很近，所以几乎每天都顺路来到这里，沉醉于袖珍公园随时间与天气而发生多种变化的生态观察中。

一进入比人行道略高些的公园内部，就可发现在外面看不见的左手墙壁背后有一个小卖部，卖面包圈、果汁、爆米花、薯片、糖果等。那里的年轻当班男店员密切注视着园内。左手边往里走，高出广场地面 1 米左右的阳台处建有屋檐，能俯瞰该公园内部低洼之地瀑布潭处巧妙排放的椅子。瀑布发出滔滔声响，恰到好处地盖住了坐在周围互相交谈的人们的话语声。瀑布潭在广场地平面下 2 米处左右，其周围的景观并不如派利公园那般明亮，而是具备重量感且稍带些幽玄的风情。

虽然不能与将视觉范围限定在城市规模这一感受的中央花园直接比较，但极小的公共空间从起初视觉上的接触而产生的密切关系，随着时间的推移，转化为触觉与听觉的世界之中，就像是迫使自身变容的一种装置，或许也可理解为置换空间的场的亲近感。

爱悦广场与前院广场

从广场本来的理想状态来看，这两个由劳伦斯・哈普林设计的广场，也许本应归入公园的同类之中。

广场（plaza）一词，在英语中被广泛使用且沿用至今，在西班牙语中也表示广场之意。如今若在英语中寻找同义词，必然会跳出 Place（场所）一词。顺便提一句，Place 一词法语读作 pura-su，正是广场的意思。Place de la Concorde（Concorde 广场）等就是例子。

让我们联想一下一系列的关联词汇。

爱悦广场。俄勒冈州的波特兰如其名，因是一个港口城市，故而从一个沿海的商业区开始逐渐繁荣起来。不久，在住宅区内开始陆续建起不少居住区域。高地住宅区与平民区（或者海这边）间被称作波特兰中心的绿化带诞生了。劳伦斯·哈普林所负责的这个广场正是一个赋予中心以意义的项目。

汇聚于此地的孩子们等待着可用全身尽情享受与水亲近的每个夏日。

该广场在等高线上设定主题，继而发展为自由的直线形。在景观设计师劳伦斯·哈普林的环境规划中，建筑师C·摩尔的亭子被摆放在最高位置，成为年长市民温情注视年轻人的场所。

在法语中，与 Plaza 相似的词是 Platz，Platz 与意大利语 Piazza 有关，两者均有广场之意。

顺便提一下，在西班牙住宅中，被称为中庭的 Patio 与广场又有着怎样的关系呢？据查，其来自于 Espacio（空间）一词，意大利语为 Spazio。

英语中一般称广场为 Square。大家的脑中也许会浮现出伦敦的特拉法尔加广场与纽约的华盛顿广场。这是因为北方的广场一般为正方形。Square 的本意是一个正方形的街区，据说那就是城市公园，四周被道路围起来后开始称为广场。但自从伦敦建成了皮卡迪里广场后，Circus 开始成了圆形广场的新称谓。

爱悦广场是建在美国西海岸俄勒冈州的波特兰的相当独特的广场。我最初在建筑杂志上看到其照片时，被那清水混凝土上表面的喷砂处理，整体上呈直线形弯折错位的等高线等大胆而果断的造型所强烈吸引。对小瀑布附近，猛然溅起飞沫，宛如听见少年们欢呼声的照片也看得入迷。

几年后，我偶然成为某次团体旅游的讲师，受邀与年轻的建筑师们一起进行为期三周的美国之行。当时在代表美国的建筑师中，我最先选择了弗兰克·劳埃德·赖特、让路易·康、贝聿铭和乡土设计师的 C·摩尔参加自由行，然后从景观建筑师中毫不犹豫地选择了劳伦斯·哈普林。因为在美国的这次团体旅行中，我最想看到美国风土所培养出来的建筑师与美国所孕育出的建筑现象。

在眼前，或者更确切地说是包围我们的爱悦广场正是爱与喜悦的广场。在夏末逆光中飞溅的水沫闪闪发光，加上几个年轻人的姿态，比杂志上的照片更让人耳目一新。但是，这里并不是城市中心的广场。并不能说它是绿树和花草满地的公园，只是有水却又干燥的广场。平坦干燥的空地，仅仅是为了休憩与戏水而建的。

爱悦广场的成功非常明显，波特兰市民开始格外热爱这里提供的开放式空间。

不久市政当局为了在东面的市有土地上建新广场，又一次委托劳伦斯·哈普林进行设计。

这次的前院广场是四周被道路所包围的广场，面向港口且具有相当坡度的这块空地以堆积预制混凝土构成的瀑布为主题。请容我在这里讲述一下走进这块场地后短时间内我对它的印象。10 米左右的瀑布，只有家长与孩子在玩的广场，以及距离 40 米的下方低地的道路中心处脚大大叉开、抱臂、身材高大的警察凝然的姿态，至今仍历历在目。我觉得坐在连预防危险的栅栏都没有的高处的孩子与他们的父母，以及聚精会神地从远处注视着这一切的警官，比前院广场更具纪念价值，这些才真正描绘出了孤独的场中的造型。

大型拱廊

以罗马奥林匹克体育场为契机，首次踏上欧洲的我，至离开罗马之际，已花费了两周之久。我思忖着要稍稍加快些速度，便去了下一个目的地米兰。1960 年的米兰，中央站前矗立着建筑师 Gio Ponti 根据 Luigi Nervi 的结构大胆削减而建成的 Pirellone 摩天大楼。另一幢则是当时领导米兰新势力的 BBPR[①]成员之一的 Lojya-su 的建筑，这是光明正大借用托斯卡纳地区传统形式的维拉斯加塔楼（Torre Velasca），刚完工于市中心。

次日，在约好的米兰大教堂正面，我遇到了河原一郎。他取得了前川事务所的休假，去米兰的工科大学留学，那时他好像正沉醉于希腊的古代城市与意大利的罗马样式之中。

---

① BBPR：20 世纪 50 年代于米兰成立的开展战后建筑运动的四人建筑团体。取四人贝尔吉欧加索、班菲、皮瑞瑟第、罗杰斯姓氏的首字母组成团体名。

埃玛努埃尔二世的大型拱廊。在米兰大教堂一侧拥有宏伟庄重拱门的大型拱廊入口处（1865-1877）。拱门一直连到玻璃拱顶，光从高处倾泻而下照在大理石道路上，使其恰到好处地成为一个为行人们所设计的空间与场所。

米兰大教堂是意大利哥特式建筑的代表，其广场构筑也是运用与如此奢华的建筑物相称的方法，全部由大理石铺设而成。另外，我发现在面朝大教堂正面的左侧，那个远远超出寻常建筑规模的钢结构拱顶的入口端部的石造拱门正对着我。

这就是简称为大型拱廊，全称为埃玛努埃尔二世的大型拱廊（1865-1877）。大型拱廊是由两侧地上六层、地下一层的正面建筑物与在其上架设的玻璃与钢结构拱顶营造出的巨大街道空间所构成的。正面部分分成两层，上层是三层公寓，与下层的店相比较拥挤。细看其断面，会发现恰好在外端部拱门起拱处与科林斯式柱头部间，巧妙地插入了阳台，以平衡建筑断面与正面的外观，这是使用了将上方拱顶与公寓连接起来的设计手法。这让我们即刻就能明白是为了营造将空间整体上拉的效果。当然，这样的方法也许是19世纪折中风格的惯用手法，但在强调城市多样性的大型拱廊中，可以说是成功的。

连接大教堂广场和歌剧殿堂斯卡拉歌剧院过道的设计方案，据 Bernard Rudofsky 的《为了人类而建的街道》中记载，为了定案，进行了面向一般市民的设计竞赛。在多达220件的应征案中有80件是由业余爱好者所提出的，

全景廊街的入口，廊街始祖巴黎的初期所造物。(1800 年)

大型拱廊的十字形轴线与米兰大教堂的广场。

大型拱廊的剖面。最顶端的圆顶成为最高的采光穹顶，位于十字交叉的平面中央、交叉成十字的中心部。

获得第一名的 Mengoni 也不是建筑师。

该方案的优点也许正是明确提出了一条南北连接大教堂广场与斯卡拉歌剧院的轴。经过一段时间的探讨，执行方案中的十字形空间，并没有放弃针对长轴所设定的强烈的“场”的主张。

曾经住在米兰的漫画家 Saul Steinberg 说大型拱廊总是能为自己提供鲜活的题材，是最富魅力的人间剧场。

通道的编入

维也纳从 17 世纪到 20 世纪初期，是哈布斯堡王朝舒适华丽的剧场城市。以皇宫为首，圣斯特凡教堂、城堡剧院，最重要的维也纳国家歌剧院以及其他主要建筑均围绕广场与公园而伫立，呈现了一种 19 世纪末分离派所遗留下来的城市风情。

环绕城市中心被称为 Ring 的环状街道是 18 世纪玛丽亚特雷莎女王时期完工的，具有与华美马车疾驰时所相匹配的规模与曲线。

走在从皇宫附近通往 Ring 的 Helinga 道路上，右手边可看到一个时代前颇具厚重感的大楼正面。

大型拱廊作为一个人间生活的剧场，以此为题诞生了不少著名的画作。

中庭中央处的喷泉。

维也纳Ferstel通道（1856-1860）的入口。

有中庭的楼梯间。

从通道处走过楼梯出现中庭。

中庭上部。

办公大楼下部连续的拱廊。

从二楼延伸至三楼廊空间。

带我参观这里的是与我妻子的侄女结婚的澳大利亚青年，他想向我展示该建筑物的通道。用通道（Passage）一词向我进行说明的也是他。我瞬间想起了“通拔”“拔辩天”以及由这些词汇所联想到的日本的相关场所。

我问他：“为何使用法语的通道一词呢？”

他答道：“因为这个词是从巴黎来的。”他告诉我德语中虽然也有Durchgang（贯通路）一词，但却并不怎么使用。

通道往左呈直角弯曲的角部，旋转楼梯的扶手上刻有优美的石雕装饰，让人想起曾极尽繁华的 18 世纪后半期。

建筑物外柱旁立着的签名板上写着 im ferstel，虽然我们知道这是内部咖啡厅的招牌，但实际上却不仅仅是这样。随后，一对夫妻告诉我，Ferstel 是设计这幢建筑与通道的 Heinrich von Ferstel 的名字，19 世纪后半期，巴黎兴起了新的构建城市的方法，传到维也纳后被冠以“Ferstel 的通道”之名。

随后，1984 年我在出席 IFI 的汉堡会议时，又接连遇到了几条通道。

在会议结束日的那天下午，我去了 Gensemarkt 广场。正如其名，作为市场兴起的地方，它是象征古代汉萨同盟八城市的盟主商港汉堡的市场广场。

在该广场北边有一个通往最近完工的 Gaensemarkt Passage 的入口，

并不怎么引人注目。以前就建有的与汉堡十分匹配的黑色大楼，在面向广场的正面入口处上方悬挂着镶着椭圆形边雅致的 GANZEMARKT PASSAGE 的手写文字。

我并不是冲着这个手写文字才进去的，那里有通道我预先也并不知晓。我一边在广场周围走动，一边被令我充满好奇心、产生强烈兴趣的风景所吸引，于是走了进去。内部的两层之上用钢结构构建出一个典型的长形玻璃屋顶的直线空间。若仅提及这一点，话就至此，我则想说因为把阳光直接射入这面朝波罗的海的除夏天外都缺乏阳光的汉堡，将会给市民带来多少温暖与亲切的感觉。

通道并不仅仅以一个建筑物就结束，让我们再稍走走。比如，汉萨四号街的旧邮局大楼中的“Landen 通道”，将旧大楼中庭一个个贯穿起来成为玻璃顶的商店街。比如，以东京为例，希望大家想象一下丸大厦等田字形古典大楼（虽这么说却也是 20 世纪建起的中层大楼的原型）。进入原本设在那里的玄关后，以前空无一物的地面中庭空隙，将商店大街第二次作为通道穿入其中。

穿完一幢大楼的通道，就会通往别的道路，而这又将进入连接下一幢对

汉塞菲阿特通道入口。

贯通大楼中庭的通道。

从通道进入中庭,中庭处设有电梯。

面大楼的新通道。

连续连接大楼间的通道是带有使城市再生使命的光的回路。

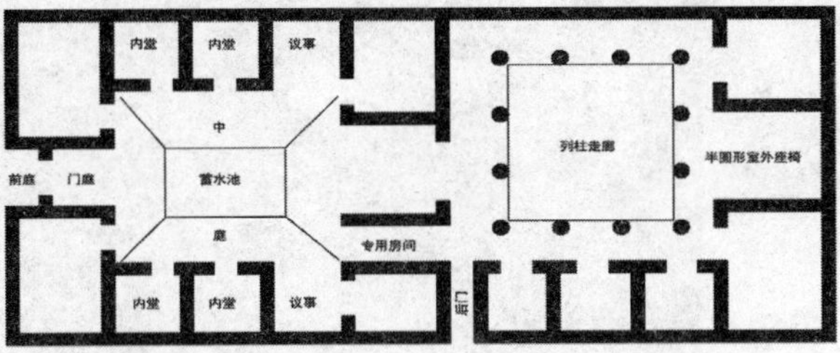

罗马时代的中庭住宅。接近正面入口处的半公共性中庭与拥有柱廊的中庭起到向周围分配单间及其他房间的作用。

第九章 | 中庭建筑

中庭与庭园

中庭这个词给人的印象并不像庭园那么柔和。既然意味着被墙壁与建筑物所包围的方形空地，那么它就应被看作是相当严格、正式的名词。中庭还有“宫廷”“审判的法庭”等意。

中庭住宅在近代住宅中占有一席之地前就在西欧与中东有着悠久的历史，在中国黄土台地与南美山区城市中也可在源头上找到相同的做法。黄河中游的黄土台地是在几十万年间由北方沙漠的风沙运动带来的沙土粒沉积所形成的坚硬的土层。在此台地垂直深挖方形中庭，并在周围挖横洞就形成了地下住宅群。也许这就是使下沉至四大即地、水、火、风中的第一要素大地本身的中庭。也就是说，中庭超越了历史与地理，包含时间与空间的全球性的特质。日本庭园既无直线也不受几何学支配，如若要在西欧范围内寻找这类重组自然氛围的手法，可能只有英国庭园比较相似了。它们同属庭园（garden）的范畴，而无法归入中庭（court）的概念。

更深一层次地思考，一度被看作具有亲缘关系的英国庭园与日本庭园由于各自的自然观与地理特质的不同而又拉开了它们之间的差距。英国庭园是曾开辟了七大洋的英国人的地理所有感的延伸，与对自然的占有、保存与培育，即

中国的地下村落。（窑洞考察团著，《活着的地下住宅》，彰国社）

植物园是联系在一起的；而日本庭园则是一边凝视着自然，一边试图在庭院里将自然进行重新构筑，可以说已认识到欧洲近代所诞生的抽象化手法与象征化的意义了。

仪式的中庭

在西欧用于举行典礼仪式的中庭确立了石板铺设的手法。海德堡城堡的中庭被做成表现充满浪漫色彩的爱情剧《海德堡的学生王子》场景中的露台中庭。从俯视而见的内卡河畔的街道，四匹马拉的车一下子跑上拱廊状的坡道，这情景穿插于柱廊之中。

被认为可设想为莎士比亚《哈姆雷特》场景的丹麦奥尔堡，依靠木制牢固的吊桥跨越护城河，一进城门的空地就是适合战马集合与举行父皇葬礼的中庭。

当我们把目光转向东方，可看到北京紫禁城所遗留下来的豪华壮丽且极为复杂精致的明朝样式的结构，在故宫中被原封不动地保存了下来。外朝以御道为中轴对称排列规模浩大的庭院，东北部由戏楼、艺术品长廊以及将它们连接起来的中型规模的中庭所组成，西北部就是所谓后宫，这是根据等级制度来进行划分的，同时也可以说是根据生活场所的规模而建起

北京的和平宾馆：该住宅形式被称为四合院。四合院形式不仅用于住宅，还被广泛运用于餐厅、寺院等。（转载自《人类的景观》）

的中庭建筑群。

从被认为是以唐代中国律令为榜样的奈良平城京史迹中，虽然已无法窥见当时宫廷的样子，但从京都平安京皇宫的样子中，可详细考察出其原型“节日的庭园”是以紫宸殿的白沙中庭为中心而进行表现的。关于这个与政治相关的中庭，我们会联想起在大冈制裁中登场的名为“白洲”的法庭。

关于中庭，虽然被园林家 Ian Makka-gu 定义为“所谓中庭就是在室外建房间，而不是在室内建庭园”，但是作为典礼仪式场地的中庭离房间的形象还相当遥远。

作为剧场的中庭

英国诞生的剧作家中，奇葩威廉·莎士比亚处于从文艺复兴后期至巴洛克前期的伊丽莎白女王鼎盛时期。戏剧只通过剧本这一文学形式是绝对无法成立的。作为一种表演的场所，聚集在那里的众多观众以及在那里所被激发起的热情能发展戏剧本身。

就在最近，我看到了一则关于从当时被称为平民区的伦敦一角发掘出来的类似环球剧场地基的报道，这正是莎士比亚作为专职作家度过最充实时光

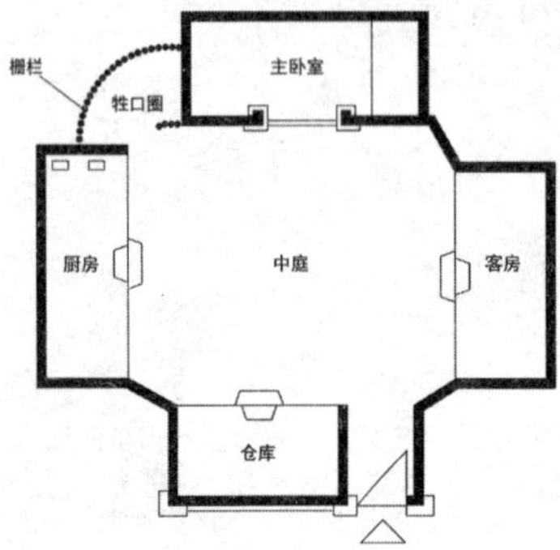

加纳的四合院形式与中国的相比显得极为原始。

的地方。

这个时期的剧场是怎样的一种结构呢？我们从描绘当时剧场内情景的绘画以及各种留存下来的文献中可总结出几个特征。首先，那里没有所有现代剧场都有的镜框式台口，没有将舞台与观众席隔开的镜框与帷幕。所以，舞台是能多功能使用的基本舞台。其次，观众席包括平整的一楼座位与将其包围住的三层被称为楼廊的包厢式座位。很明显这是旅馆式剧场的形式，正如其名，它诞生于旅馆（inn）的中庭。

当时各地的旅馆多数中央都有中庭，中庭周围被客房包围着，客房的窗户朝外。面向中庭的走廊是安有柱子与栏杆的开放式阳台。巡回演出的剧团一到来，人们得到消息就即刻聚拢过来。旅馆中庭变成了观众席，露台则成了体面的需要入场费的上座。

可以看出中庭在本质上具备一种生成戏剧的“场”的力量。

室内中庭、（西班牙建筑的）中庭、通庭

维苏威火山的喷发完好地把 2000 年前的街区与住宅群保存了下来。封存了伟大悲剧的庞贝博物馆向我们明确展示了地中海式住宅典型中庭的原型。

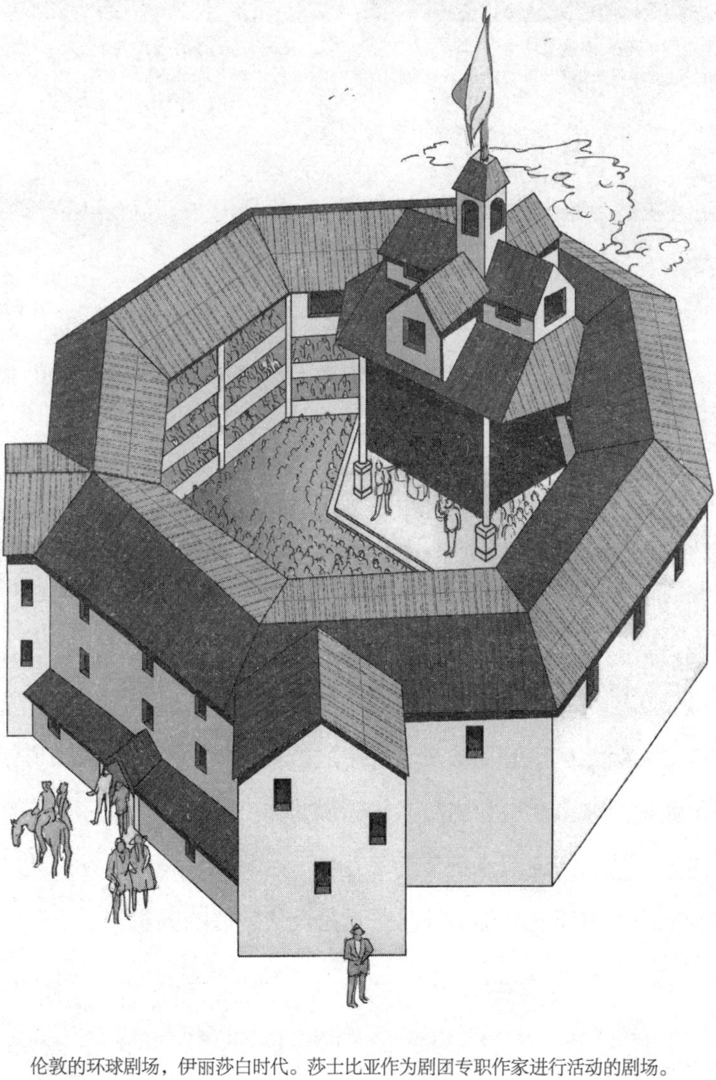

伦敦的环球剧场，伊丽莎白时代。莎士比亚作为剧团专职作家进行活动的剧场。

香桃木中庭 出色的水镜手法得以展现。（转载自《伊斯兰教的建筑文化》）

狮子中庭 该庭园名字取自跟前的喷泉。穆罕默德五世（1354-1391）所建。

从街道进入被围合的中庭，可以发现那里有一个既开放，又确实被守护着的“场的中心”。

西班牙住宅中典型的中庭样式也是以上述中庭为榜样的一个地区性变形。池、花、风相遇于照射在石板上的光与影中。美索不达米亚的土坯屋、尼日利亚的泥房、旧墨西哥城坚固的墙壁对建筑的比例分配进行二次构架的传统建筑，以及算得上是日本中庭典型的被称作“通庭”① 的京都传统建筑，这些均让人产生一连串的联想。

在北欧住宅中进行尝试的中庭住宅，比如被称作阿尔瓦·阿尔托实验住宅的中庭，虽然以地中海式中庭的形式展开，但却是为日光浴而存在。这种中庭被遮挡寒风的墙壁所包围，成为一块可将身体暴露于阳光下的空地。约恩·乌松则用更为彻底的手法来表现中庭，集住体的形成使得通道区域与开放空间区域相互交错，呈现出私人居所与整体空间的完美秩序。在地上用围墙进行划分，将它们连起来便成为集住体，再将集住体内部彻底建成房间，在里面构建没有屋顶的外部房间，这便是近代中庭的概念。

---

① 通庭：日语叫“通り庭”，在日本传统建筑门厅未铺地板的从正门到后门的室内通道。常见于大阪等西日本地区的商家之中。

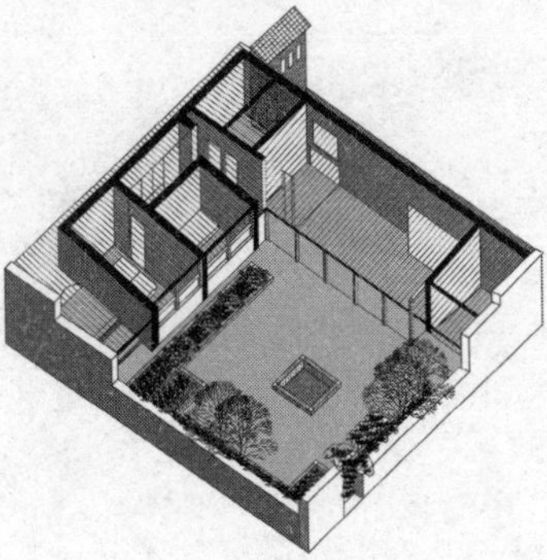

弗莱登斯堡住宅，由丹麦的约恩·乌松设计。

集住体形式相当自由，而通道路线（黑色部分）与开放空间则被明快地分隔开来。

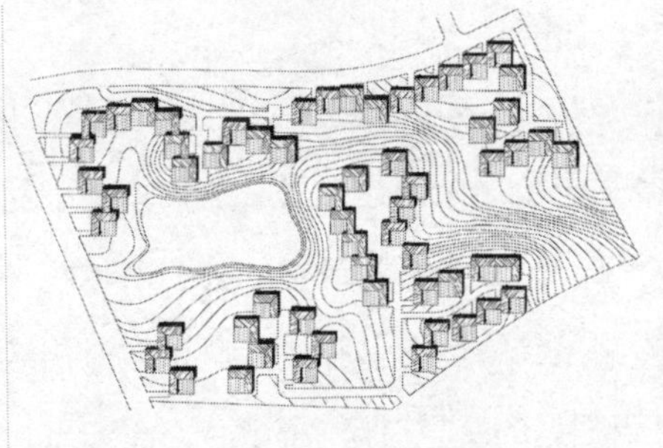

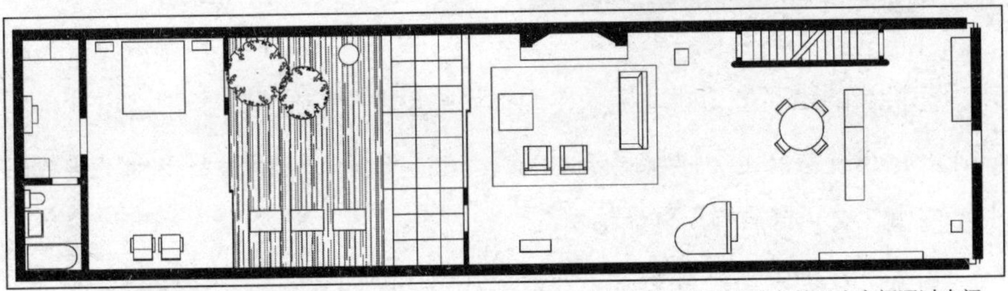

洛克菲勒宾客住宅，地上两层，地下一层。设有画廊的公共空间与为宾客准备的私人空间通过中间起桥梁作用的游泳池分隔开来。

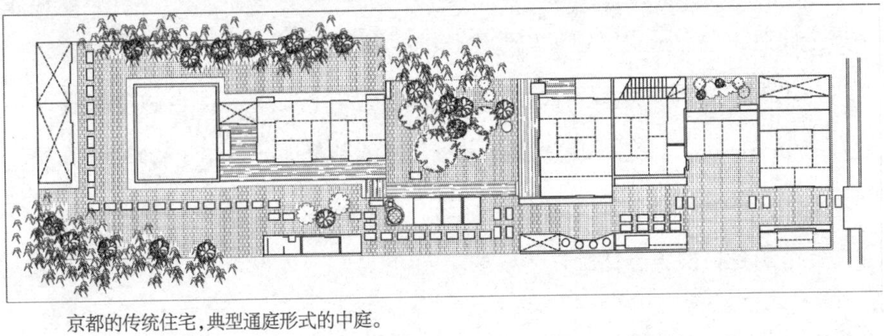

京都的传统住宅，典型通庭形式的中庭。

第十章 | 别墅

别墅的变迁

城市居民为了远离城市生活而寻找另一个居所，这种形式从日本中世纪《方丈记》的作者鸭长明时期起就已存在。出生于下贺茂神社祢宜家的鸭长明为了逃避城市复杂的人际关系而与方丈庵结缘。人们都说大概是当时佛教所主张的现世无常与寻求净土思想间毫无根据的反差而促使他遁世的。但是，作为当代一流艺术爱好者的鸭长明却并未完全抛开尘世，不如说是通过与城市保持恰当的距离来巧妙地接受传闻，这样反倒促使他能不断地进行自由的评论。从这种意义上可以说鸭长明的行为既是现代的，同时又受到了佛教思想的影响，有一种悲观主义的情怀。

日本人认识到现代意义上的别墅是从明治时期开始的。从加拿大来日的英国牧师 Arekisanda Kurohuto Syou 赴东京上任后不久就发现了轻井沢。这几乎是个偶然，他在那里发现了与他生长的故乡苏格兰一样的风景与气候。

在本国以外拥有众多殖民地的英国人在世界各地寻找适合做避暑胜地的地方，然后在那里建造夏季殖民地，大概日本的别墅地就是在此影响下形成的。

法国人的长期休假却是意外的质朴，他们不仅去蓝色海岸的地中海，还会去各地的乡村租房子住上几个星期。

从大正末期到昭和初年，开始出现诸如租用靠近海岸的民房，一家人（也就只是孩子与母亲）去生活一个月以上的这种现象。这大概可以算作是模仿西欧文化生活的一种全新的生活方式。

别墅的生态

别墅单独选在遂自己心意的地方看上去似乎很好，但其必定是多数聚集在一处的。理由之一大概就是适宜建别墅的好地方理应不常见。也许是因为将拥有别墅视为地位身份象征的特权阶级的意识一直遗留至今，聚集在一处构建夏季社区，大概并不是简单移居到海滨与高爽处就好。这样一来，夏季殖民地箱根、日光、轻井泽、那须等就逐渐形成了。

我们来举些能明显反映战后民主化的别墅地发生改观的例子。通过所谓始于财阀解体的经济力量的分散，大别墅大多就直接从个人所有变成了大型企业的疗养福利设施，规模更大的就作为旅馆用地开发了。许多开发商在进行别墅用地重新调整的同时继续新的别墅开发。到了被称为大众休闲时代的20世纪70年代，那些别墅都被分成小规模用地出售。虽说是小规模，却也有以1000平方米左右为下限的地方（轻井泽町等），被分割成500平方米及

林之家（设计：三轮正弘）的外观与大型落地窗。

300 平方米左右的用地由于规模已接近城郊住宅，几乎都不能再保持别墅本应有的独立环境了。

因为土地的细分化完全破坏了植被环境，所以关于建筑比例分配的下限必须进行严格的控制。

很多地区将别墅用地规定为一种住宅金融专业公司的业务，进而通过实施将建筑占地率与容积率控制在 20% 的政策来保全自然环境，这基本上可以阻止进一步的环境破坏。低于该限度时，还是按计划进行别墅的集住化来得比较好。

款待的基地

城市居民在繁忙的生活中为了找寻快要迷失的自我而采取各种行动。不管是在健身房里与健身器械相搏、在泳池内默默游泳的男人们，还是陶醉于爵士舞节奏忘却自我的女人们，他们的这些行动均源自生存的概念。刻苦练网球，努力奔跑的人们也并非是抱有一些别的什么日常相关意识才移动脚步的。但是，事态发生了改变，健康、性感、美丽……这些并不是单一的潮流与流行。环境时代让人觉醒的生存愿望首先所反映出来的就是人们对自身肉体的自爱。大概下一步就会是以肉体的自然愿望为契机，寻求精神与自然的接近。

我在考虑策划作为款待基地用的别墅的再利用，利休、绍鸥、织田有乐斋等是如何布置茶室的呢？正如有乐斋所说的“茶为款待之心”，这是一种表现款待的“场景营造”的说法。正是因为处于被限定的空间之中，我们才懂得进行心意相通的款待。生存的概念目前也只是作用于作为现象的肉体之上。今后，生存的作用将会影响到精神，肉体与精神的分离背反一定会力求在作为款待基地的别墅这一场所中再度结合。

我想指出的是，在目前的情况下，物质匮乏时代的美学必须舍弃，然而富裕时代的美学却尚未形成。可以认为，实现这一富裕时代美学的一个可能性隐藏于建别墅并邀请人们来之后的行为之中。到那时，被缩减的别墅空间与功能或许能让访问者打开心扉。

住宅中的住宅

汇聚了作为住宅最小限度所必需的空间与道具，不存在不必要的东西。

建筑中的建筑正是住宅，这一说法中大概包含着平时只从事小规模设计的设计家的自卑感。但是，自古以来，优秀建筑师们都留下了优秀的住宅作品。比如，安德烈亚·帕拉第奥、奥托·瓦格纳、弗兰克·劳埃德·赖特、勒·柯布西耶……暂且不提这些从艺术性到功能性都要求尽善尽美的建筑，从要求设计方充分理解居住者错综复杂需求的深度考虑，包括空间造型和细部触感，这种能充分发挥建筑师能力的，正是建筑中的建筑。

以木结构为主流的日本住宅，现在真正意义上能以木结构进行设计的则少之又少。因而我认为能用木结构进行设计的别墅，是日本住宅中的住宅，具备持续的生命力。

还有一个最为重要的理由，日本传统住宅经常是与环绕四周的自然共生的，在自然环境中，作为第二自然环境而存在。

另外，现代都市住宅中已然缺失的“场所爱”（Topophilia）再度作为人类拥抱的对象，出现在别墅的生活之中。现代都市空间中的“浮游感”正是在寻求这种“场”的安定。

第十一章 | 从环境艺术到环境设计

建筑与雕刻

现在还将建筑作为第三造型艺术来看会被认为是观念陈旧了，但这绝对没有错。在绘画、雕刻、建筑这三大造型艺术中，从空间性、容量、立体感的角度上来看，无论与什么相比，触觉性方面建筑与雕刻都近似。还有一个较为陈旧的说法是“建筑是所有造型艺术之母”。这显然是文艺复兴时期的造型思想，这也许就是对来自被雅各布·布克哈特流派所理想化的文艺复兴时代的赞赏。

在文艺复兴的造型思想中，建筑作为一个统合体具有支配其他艺术的强大层次结构。规模、视觉的方法论通过黄金比例深深扎根于装饰与材质内，具有明澈又静谧的空间统一性。

无论是雕刻还是绘画，都可以说是在建筑对其的支配中获得的。柏拉图式美学理想中所追求的文艺复兴的普遍性体现了人类的热情与丰富自然资源的统一。但是自从这个理念被传承到 16 世纪起，苦恼的人类与自然间的纠葛便产生了。这便是向风格主义时代的过渡与转变的一个重要推动力。

米开朗基罗正是那个时代的骄子，为此，我们现在有必要重新深入地对文艺复兴与巴洛克的衔接性人物——米开朗基罗进行评价。

从风格主义到巴洛克的改观，通过空间结构上视点的转移与建筑自身的雕刻化表现出来。众所周知，基于这样一个时代，米开朗基罗才得以既是雕刻家又是伟大的建筑师。

从巴洛克到洛可可的过渡，便如下表述那般运用在宫廷建筑之中。外在政务与社交空间越是借助于巴洛克所具备的动感活力，就越有必要将位于其背后的私人空间静静植根于远离巴洛克的静稳之中。与空间性相比，洛可可更注重装饰性，可谓是从雕刻性过渡到了绘画性。

通俗易懂地来讲，也许该说是张扬外露的男性化巴洛克相对于内敛含蓄的女性化洛可可。我们不应忘记，风格主义时代的绘画中早已潜藏了洛可可的些许香艳。

宫廷贵族所创造的洛可可品位成为下一时代的中坚——资产阶级只是一味强调其装饰性。于是，想要矫正这一毛病的学院派艺术家只有标榜严正的新古典主义了。而紧随其后的 19 世纪则完全陷入了对所有过去样式进行复兴的反复之中。

在折中与风格混杂的 19 世纪末期，建筑与雕刻艺术共同创造了不可思议的有机造型，如新艺术派建筑的有机化、植物形的拟态化。新艺术派从法国巴黎进入德国慕尼黑后，名字也改成了青年风格。不久，在进入奥地利维也纳后，如爬山虎般缠绕起分离派运动的根干，打开了通向 20 世纪的突破口。

此时极度的互相牵扯又根本上导致了两者的决定性分离。建筑从宣布其独立宣言之时，就摒弃了目前为止的雕刻手法，义无反顾地从装饰中解放出来。直线与平面相交成直角，空间形成盒子，凭借玻璃是透明的墙壁这一理念，欲将外部的环境与光一起导入。单由建筑所构建的建筑空间这一近代主义教义，到现代仍然不能将我们从咒语的束缚中解放出来。雕刻的近代化与绘画的近代化相比显然要晚了一代才开始。相较保罗・塞尚对近代绘画的发现，雕刻独当一面的局面则是从画家亨利・马蒂斯、毕加索开创的。雕刻本来是一种视觉艺术，同时还具有一种将触觉视觉化的表现手段，但也仅限于表面触觉。

赫伯特・爱德华・里德爵士（Sir Herbert Edward Read） 列举了马蒂斯 20 世纪连续创作的作品中的《蛇女》这部作品，称其抓住了人体肌肉的内在张力，评价其表现形式发现了“内部的触觉”。可以说马蒂斯在成为一个声名显赫的画家前便已着手于雕刻这一全新领域的工作了。

建筑与雕刻各自独立后，分别从 20 世纪初期起勇往直前。之后，在 20

名为“蛇女”的青铜像。高55.5厘米。直白地来看，或许可以说是以一个扭曲的女人身体为主题。亨利·马蒂斯于1909年创作的大胆而果断的表现，据说是受一位摄影师所摆姿势的启发。在中间变细的身体的动作中，看不到丝毫赘肉，稍显夸张的姿势，但重心极为完美。若从背后来看，则显得更妙。

世纪40年代，表达方式全然不同的两者都注意到了互相具有几乎相同的造型语言。这是从空间与体块二难推理中的解放，是从纪念性建筑与肖像雕刻中的蜕变，其中视觉流动与空间容量的改观极为明显。

新倾向（新潮流）的发现

相对于以古典复兴为根茎的文艺复兴，19世纪出现了在折中主义中十分引人注目的哥特复兴① 。但是19世纪末的艺术家们已不关心既有的风格了，他们都被原始艺术吸引了过去。毅然否决折中主义中的传统赝品以及劳神的表现风格，陷于寻求新表现手法困境中的他们，终于在无意中触及了“原始”的生命力。更进一步来说，就是准备进入最为机械化的20世纪的人类，想要重新回到最初的胎动之中去。

一时间，他们拒绝沉溺于希腊雕刻与伊特鲁里亚里，转向了非洲黑人雕

---

① 哥特复兴：哥特式或到18世纪为止都仅止于一种讴歌、赞美废墟的浪漫主义情怀。在19世纪前期的英国，直至出现拉斯金将哥特式作为一种中世纪伦理性价值感的体现来进行颂扬，复兴的势头才瞬间高涨起来。普金（1830-1870）不仅仅在宗教建筑，还在英国国会议事堂、皇家法院中导入了哥特式风格。另在法国，通过维欧勒·勒·杜克的一些大型整修项目，哥特式被再度评价为一种合理性结构的典范。在这样的时代背景中，哥特复兴渐渐兴起。

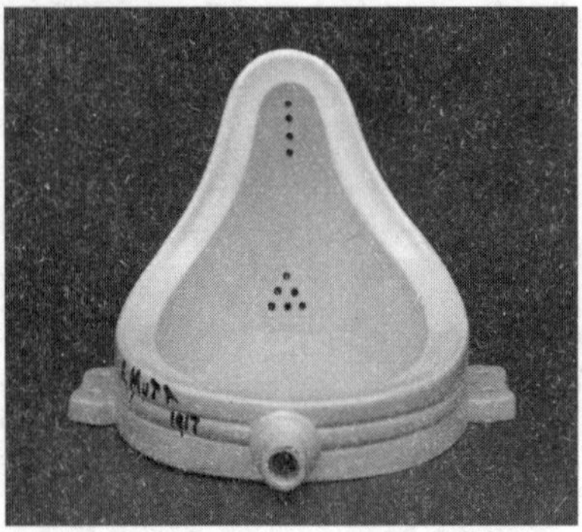

1917 年展览会展出的在当时招致众多非议的马塞尔·杜尚的作品。据说当时，虽然展出了，但却并不是作品。作品名《泉》也颇具讽刺意味。这种效果极其出色地彰显了艺术作品比喻的属性。

刻与印加、玛雅雕刻之中。那时那刻他们都发现了什么呢？也许是两样东西，即时间的隔绝与表达方式的象征性组合。

到目前为止，欧洲艺术在其发展的五个世纪中，一直都与“再现”联系在一起。被“再现”中的原始冲动所震撼，并开始破坏 19 世纪以来就固有的古典体系，其结果就是发现了被称之为“置换”的新表现手法。当时，与其说是“写实”，倒不如说是真实的存在成了一种“形”，开始逐渐进入人们的视线之中。

为了解释立体主义欲进行多元性分解的再构成这一理性行为而产生了原始冲动，或许该说是出现了用阿波罗与狄俄尼索斯的二元论无法解释清楚的情况，就是挑出一个由互相重叠的形象凝缩而成的独立的像，即“艺术作品”。就是说，因为主观的客体化，也能将艺术作品作为媒介物来看待了。

作为艺术作品所存在的理由，两个阶段的假设是必要的。首先是由主观所创造出来的东西必须在众人面前有视觉上的偶然性。其次是必须将抛出去的东西偶然围出的空间，置换成一个全新的环境。被置换的艺术作品不久根据运用方法的不同，一个转化为抽象的，另一个则转化为象征的表现手法。

解体与破坏

从 20 世纪初期起，历经第一次世界大战，可以说创作活动朝着现有价值与所有概念的解体、破坏以及重建的方向发展，其中的立体主义在此阶段之前也有所涉及。这在想进行多视觉分解与合并的乔治·布拉克与毕加索的创作中最为显著地体现出来。

在否定现有规则、将创作场所奉献给精神实验的众人中诞生了达达运动。结果是在可信的规则中无法发现任何东西，继而陷入了规模巨大的破坏中。绝望的达达主义骄子们果断地将刀刃插入了隐藏于人类自身的深层心理之中。当然，同时还受到西格蒙德·弗洛伊德[①] 的巨大影响。美丽的表面被破坏，内部的污浊被泰然地荡涤。压抑在人类内心深处的歪曲图像就这样被拖曳了出来。超现实主义从达达主义绝望的尽头滋生出来，虽然达达主义不讲究手法，但超现实主义却采用了伪装与改观即变形的手法。这是近代艺术方法论“置换”中的一个手法。

---

① 西格蒙德· 弗洛伊德（Sigmund Freud）（1856-1939）：精神病学家，提倡精神分析论，于 1902-1938 年在维也纳大学任大学教授一职。他对构成心理现象的成因中，主要是性欲，对性欲的压抑而在无意识中隐匿的深层次心理，意识这三者间的冲突所引发的歇斯底里症进行了研究。对该理论的应用，在艺术、宗教、道德、文化领域被善意接受了下来，而另一方面，其提出的凡性欲说却成为正统心理学所憎恶的对象。

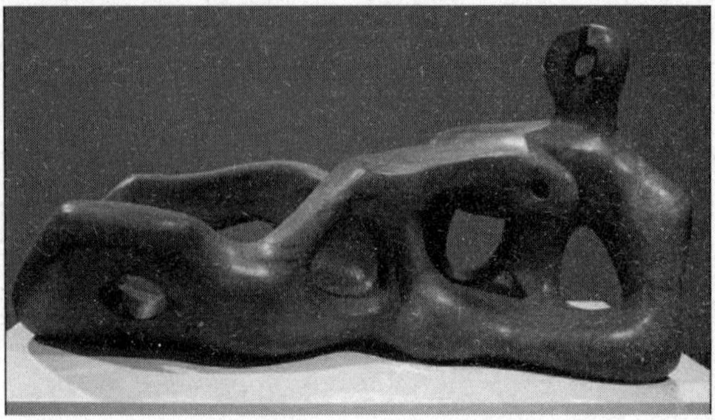

亨利·摩尔从外部贯穿至内部的穿孔技法，想将人体的重量感表现出来，到目前为止还未曾出现过如此尝试的人。木雕，1939 年。

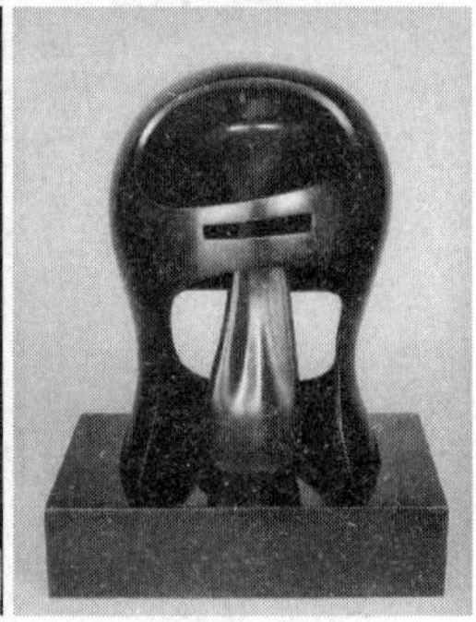

戴头盔的头，1950 年。

人类已不能保持精神与肉体的平衡而生存下去。到目前为止，外部是外部，内部也始终只是内部。但之后，同一现象的外化与内化会同时进行，内部的外部化、外部的内部化……内外部的贯通与置换必将逐渐开始。

将空间认识问题完全置换一下会如何呢？那已不是单纯的类推了。没有什么能抵挡得住人类自身所制造出来的自动化机器，特别是众多充斥着残暴性的武器。恐怕人类错了，这难道不正是开始重复某些集团与组织所犯的巨大错误吗？超现实主义与其所遗留下来的东西是悖论，是来自于背后的揭发，但有必要对其是通往现代所直面的有机生态学世界的最直接、最彻底的通道这点进行重新认识。

原始艺术所具备的物性崇拜或女巫向性是向现代艺术提出的命题，在以合理性为中心命题的近代主义思想中依然存在。其意图并不是遮盖以往的超现实主义病态的一面，而是像亨利·柏格森（1859–1941）所提出的那样，如生命体般自如地作为穿过精神龟裂的媒介而持续存在。

空间的造构性

近代雕刻想要实现的首先是摆脱塑像技术，同时还有与空间之间关系方

1962-1963年创作的，该野外青铜像被安放于纽约近代美术馆的庭园内。

式的改变。在实现了这个改变的作者中，我们必须提及阿尔贝托·贾科梅蒂与亨利·斯宾赛·摩尔。首先完成结构性纯化的是阿尔贝托·贾科梅蒂。拒绝情绪化倾向，摒弃圣经故事及作品的纪念性意义，尝试向雕刻本身应有的结构性进行发展。甚至连他的超现实主义作品《下午四点的宫殿》也如自身反复所述一般，“数度被深深地吸引于让我自身愉悦的结构之中”。后来，人们将20世纪40年代后出现的以消瘦人体像为核心主题的作品概称为阿尔贝托·贾科梅蒂的结构。

另一个近代雕刻的改变是成为活力之物的象征，以及为达到这个目的所形成的空间内外部自由的相互侵犯。亨利·斯宾赛·摩尔不仅将寄托于人体的生命微妙之处与空间的翻转作为一种雕刻技法固定了下来，还确立了成为近代雕刻本质之一的生命感本身。

近代艺术的进一步变革

对欧洲所产生的自卑感在19世纪自不待言，即便是到了20世纪的美国也依旧根深蒂固。在进入所谓的现代艺术时代后，劣等意识开始一点一点地得以消除。该征兆在20世纪40年代后明朗起来，而时间上正值以第二次世界大战为契机、美国想名副其实地掌握起世界的领导权之时。

20世纪初期起历经约莫三十五年的欧洲美术世界，恐怕是一个美术史中前所未有的丰盈与激烈变动相互牵扯的世界，即是从写实技术中发展而来的绘画性的独立与从纪念像中发展而来的雕刻性的自立。

始于19世纪末的对过去风格的摆脱可以说是至今为止欧洲美术的一种自我否定。印象派、表现派、野兽派、立体派、构成派、未来派、达达派……互相牵连或排斥的这些流派逐渐形成了两大流派。印象派、立体派、构成派这些唯理智方向的派别最终归结于所谓的抽象即抽象主义。另一方面，表现派、野兽派自不必待言，以奥迪龙·雷东等为代表的神秘主义等，受达达派无政府想法的触发，最终归为超现实主义。以上主要是各绘画流派的来龙去脉，而雕刻的世界与其情况稍有不同。

让人难以捕捉感情表现且不适合否定性、破坏性表现的雕刻，均是从整体与体积上逐渐将主题集中于对雕刻的空间性定义上的。如前面出现的亨利·斯宾赛·摩尔那样对调内外部空间的连续表现手法以及阿尔贝托·贾柯梅蒂否定写实与对造构性手法进行象征化的表现手法。

关于雕刻表现的发展，我在这里列举出莫霍利·纳吉所给出的明确分类:

（1）用体块来堆砌的雕刻；

（2）加工与（挖掉）的雕刻；

（3）开孔（用孔进行穿透）的雕刻；

（4）悬吊平衡的雕刻；

（5）表现动感的雕刻。

他是依据技法的发展阶段来进行分类归纳的，但将该过程作为“空间性的发现”这一立体派之后的课题来进行理解，或许就有些过于现实了。

指明现代雕刻发展方向的标示，更进而表现在别的方式上，如赋予材料以新意义。比如，安东尼·卡罗把管道、轨道等常见型钢各个切断，然后弯折焊接，在表面涂上油漆后，将其“并列”[①]，作为一种感性的、物与物的冻结状态呈现出来。他作品中展现的户外空间与原材料的原来尺寸使人类收获的感动，是用现有常规语言无法表达的某种本质上的发现。若联系随后大地艺术[②]作者们的作品，则可看出其中或许具备环境艺术或环境造型的原点。

---

① 并列（juxtaposition）：意识到两个或两个以上的表现题材或为表现单位而进行并置的一种手法。该表现手法将感性冷静地冻结，并进行并列。

② 大地艺术：将大地作为艺术表现素材与手段的环境造型艺术。

我觉得这样的原点意识大概是促使人们向现代雕刻想要展现的人工环境接近的主要原因。

向波普艺术发展

现代绘画中，波普艺术中所呈现的事实特别重要。20 世纪 40 年代后的美国在文化领域中的影响力也逐渐增大了，这一点我在前一节的开头已述。美国在艺术世界中真正占据领导地位是从 20 世纪 60 年代初波普艺术出现开始的。绘画与雕刻从作为附加要素的情绪文学及装模作样的纪念物中脱离，这大大加强了近代造型艺术于现实意义上的独立性。波普艺术中所重新展现的世界充盈着明亮，丝毫不具备作家自身所有的枯燥、鲜明的自虐痕迹。

超现实主义带有侵略性，抽象主义具有驳斥力。从这个角度来看波普艺术的影响力，可发现波普艺术能直接给予观者以强烈的视觉冲击。并不仅仅在表现手法上是这样，从传播形式上来讲亦是如此。

波普艺术风潮出现后不久便波及日本，但与在美国发表的众多立体（已不适合用雕刻这一词语来描述各种立体）的冲击性趣味相比，日本的波普艺术史侧重图像，作为广告业用的二次元东西众多，这是为何呢？大概是因为无论哪个时代,善于使用印刷媒介的二次元平面都早早就被传送到了遥远之处。

最近，最早的设计信息总是来自于平面设计。时尚设计领域由于受潮流影响较大，其纯粹性也随之减弱，而一直尾随于建筑设计之后的室内设计，则终于开始迈开独属于其领域的步伐。

波普艺术一旦在广告艺术领域开始发挥效用，其颇具速度的展示力就会持续地尽情地扩张，并作为一种城市的造型语言，将明确的符号性到处植根发芽，包括一切休闲的运动服、包等，将年轻人持续不断地包裹起来。

波普效果

将安迪·沃霍尔、罗依·李奇登斯坦、汤姆·威塞尔曼、詹姆斯·罗森奎斯特、克拉斯·欧登伯格这五位称为正统波普艺术家的是《波普艺术》的编辑李帕德。在表现波普艺术的素材中，人们喜欢使用漫画、照片、海报、电视画面等传媒影像进行批量的产品生产。

美术评论家中原佑介将波普艺术所起的作用及成果做了如下归纳："如果仅仅是从波普所涉及的素材本身的主题上来看，正如部分评论所说的那样，或许无法脱离波普本身之低俗感。但是，一般认为波普艺术的影响力远远超越其主题。其理由之一就是颠覆了缩图的绘画概念。换言之，波普艺术完全取消了绘画中对尺寸大小的限制。”

波普艺术让人感受到惊人的自由，人们用肉眼便可直观，这样人们可以从艺术世界中获得解放。

无论是对建筑师还是对室内设计师而言，中原佑介所指出的无缩小比例的直接性都发挥了巨大的作用。并且，由此节省了为遮盖素材本身所需花费的成本，提高了工作效率，也具有实际的操作性。无论表现手法多么大胆，只要处于该手法的范围之内，就不会失败。那是因为其在最初就拒绝洗练，摒弃了技术的高精。

对于波普艺术的效果，我准备从以下几个角度好好评价一下。其一，波普艺术是至20世纪前半期为止，从前卫派们所各自设定的“艺术作品”中获得的解放。艺术作品神秘的象征性面纱被揭开，裸露出内部，或者就是通过不同皮肤的覆盖而成为一种生活空间的环境装置，重新与人类的肉体直接相互关联。更进一步而言，大概波普艺术意想不到地起了巧妙地拆除艺术与设计间那堵隔阂的墙壁的作用。

超级绘画与巨型家具

所谓比例尺的自由是指，以不必拘泥于比例尺大小的主题图案的各种发挥为核心，波普艺术家们所喜爱使用的是诸如数字、星条旗那样不具比例尺的东西。与其说是象征性的东西，还不如说接近于标识的图像表现被极度放大，进而被空间化。

比如，住宅中通风用的空间与楼梯间，有时如实勾勒出建筑的形态，有时则完全忽视这一点，隐于图像的形态之中。也可以说是构成空间的所有面，像忽视立体存在般泛滥的一种图像的遮盖作用。门上用大大的美术字书写着数字，犹如在嘲笑迄今为止一直被膜拜的美学标准一般。

若用其他手法来实现巨大图像，则用投影于空间中的映像也可以。所以，20 世纪 70 年代中期，在东京迪斯科舞厅的表演中，这曾是不可或缺的设备。另外，这种表现手法在扶持迄今为止的正统现代风格建筑空间的同时，也起到了逐渐使其解体的作用。

最后，超级图像终于进入了建筑的外部领域，为城市景观增添了形与色。色彩设计师田中一光采用在外墙贴瓷砖的手法，将赤坂的东急酒店打造得极具品位。颇具个性的整体建筑风格及横条纹图案，让整幢建筑获得了“军舰

亚历山大·卡得的作品《被悬挂起来的动态雕塑》，1936 年。

睡衣”的别称。在新宿一角由竹山实设计的 1 号馆、2 号馆相继落成，运用明快的超级图像将小饮食店包扎聚集在一起。这大概是记号论与城市相结合的具体实例。

从美国到加拿大，各城市的新建筑都涵盖运用了各种无比例尺的记号与风格。在巴黎与米兰，因相邻房屋的拆除而裸露出来的隔墙等上面，都被画上了许多颇具绘画表现力的东西，这大概应被称为涂鸦。

巨型家具理所当然是由波普艺术所孕生的超级图像的近亲。美国建筑师查尔斯·摩尔做了实验，在被称为“海洋牧场”的度假别墅中，他用超级壁画作为巨大家具这一做法，给予了周围用单纯板材建造的建筑物以觉醒般的冲击。

环境造型

提起 20 世纪 50 年代美国最为活跃的雕塑家，很多人都会想到以独特的活动雕塑而闻名的亚历山大·卡得。由马塞尔·杜尚所命名的“动态雕塑”就这样与卡得的名字挂上了钩，被同时称为“动态雕塑的卡得”与“卡得的动态雕塑”。

用钢丝与薄金属板制成的鸟儿，轻盈地悬于空中，在悠闲快乐地玩耍……

像这样的雕塑迄今为止有过吗？若雕塑只是字面上雕雕刻刻的意思，也许就不能称之为雕塑了。同样，如果撇开动态雕塑可以动这个因素，那它除了是一个立体造型以外，就什么也不是了。已持续制作了 40 年的卡得的新造型，长期以来，大概只能归到玩具或装饰品一类。但正是这个动态雕塑，将人与自然、人与机器文明联系在一起，成为名副其实的环境造型领域的先锋。

他还以钢丝为材料，在空中用线条描绘了各种肖像造型。另外，还有重达好几吨的金属板材质的固定雕塑。这些也都不是雕刻出来的，所以，对应于动态雕塑，人们将其称为静态雕塑，并被涂上红、黑、黄等色彩，置放于纽约与芝加哥高层建筑的前庭处。

动态雕塑并非是具有专利权的产品。当然，卡得也一定未曾有过这种想法。动态雕塑的众多追随者们创作了各种各样的作品，不久即成为设计学校每学年都不断反复的大众化课题。环境艺术普及后成为环境设计的主题，可以说没有比动态雕塑更为合适的东西了。

动态雕塑还衍生出了另一个问题，即立体物本身的运动。这也表明了凭借室内仅有的空气对流而进行缓慢运动的“运动”将“时间”赋予给造型这一事实。在此，又一次涉及了“时空间”的概念，营造出一个将“环境造型”

静态雕塑 1963 年。

新宫晋 时光之翼 (Wings of Time) 中国台湾展出 。

新宫晋 水上星宿(Constellation on Water) 中国台湾展出。

我的天洞：井上武吉。

所固定下来的环境。

富勒圆屋顶

另外，还有一个人，就是无法把他定位为是发明家，还是科学家，抑或是建筑师的巴克敏斯特·富勒。在此，我们暂且将他定位为环境造型家。

富勒的“圆屋顶”是一个给地球带来怎样影响的提案呢？在半个世纪后的今天，我想好好查一下。

富勒以教材手册的形式撰写了《宇宙飞船“地球号”操作手册》。其中有如下一节：

“地球是一个如此构造精巧的球体，以至于人们在一百多万年间，一点都未曾意识到自己是搭乘在这艘‘宇宙飞船’上的。”

富勒把宇宙的基本形态理解为正四面体与球体。正四面体用最大表面积营造最小空间，能承受最大外部压力。球体以最小表面积来营造最大空间，能承受最大内部压力。若能构建一个结合正四面体的球体，那么较之迄今为止都在建筑中起支配性作用的压力，张力会开始占据优势。凭借这种张力的连续相互作用的完全性，建成了完全没有柱子，轻便、结实且巨型的圆屋顶。

1932-1933 的阿尔贝托·贾科梅蒂作品，名为《凌晨四点的宫殿》的框架结构雕塑。

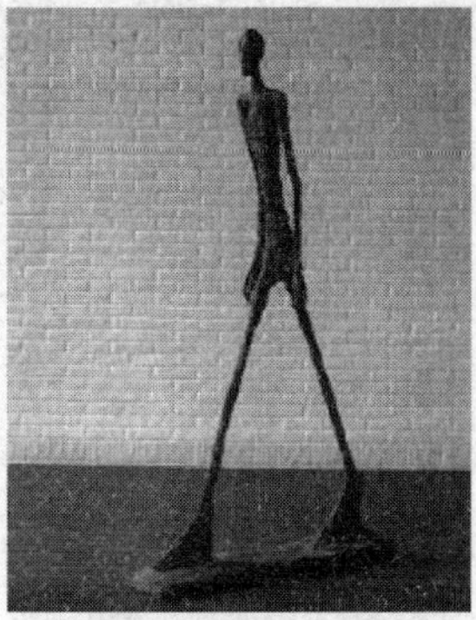

构成：陈列于哥本哈根北部路易斯安娜现代美术馆阿尔贝托·贾科梅蒂所创作的人体像。

富勒将张力的完全性归纳总结为张拉整体这一概念用语。

麦克·海尔写道："从一开始，富勒的想法就具有'包容性''统一性'。从最广泛、普遍的条理性考察中孕生之后，又朝着独立、直接的阶段发展下去。"

在受《读卖新闻》报社之邀来日演讲时，富勒说了以下一番话：

"迄今为止的建筑师就像是雕塑家，他们只是考虑外观与空间的造型性这些东西。但是，建筑的本质并不是外壳的好坏，而在于居住其中的人的活动本身。这些建筑师们，不正如过分地将精力花费在制作外形优美的钢琴，而忘却了钢琴的本质在于音质一样吗？"

我觉得对于"环境"统一性与包容性的理解，富勒具有与生俱来的天赋。并且，他在"富勒圆屋顶"论所展示的惊人乐观的洞察力已作为透视地球整体的力量而发挥着作用。或许富勒圆屋顶并不是将内外部空间进行切断，而是一层使"内环境"与"外环境"进行相互渗透的被膜。

乔治·西格尔

1925年生于纽约的乔治·西格尔，在20世纪60年代初的波普艺术兴起时，开始了其正式的创作活动。

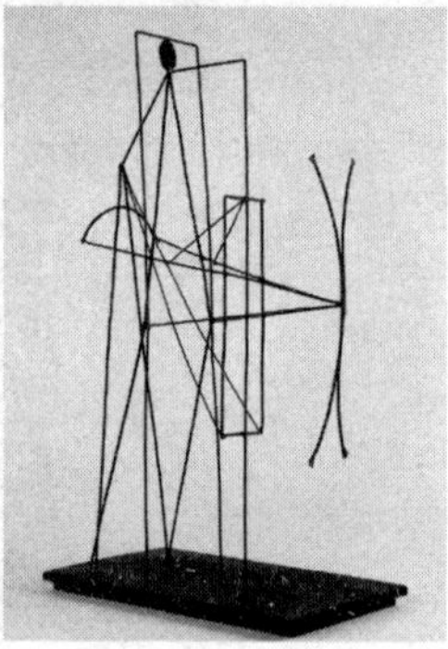

毕加索用铁丝创作的构成体（1929-1930 年）。与其说是当时普遍化的抽象雕塑，不如说是头部的脸勉强成为毕加索签名的一种被称之为立体的东西。

在雕塑领域中开始使用先前禁忌的手法也是起于那时。西格尔发明了新的创作手法，他把粗布料缠在模特身上，然后将这些粗布料浸润石膏溶液，再将变硬的外壳从模特身上剥除，最后缝合各部分制成人像。

在这里，我提一下由此联想到的与罗丹创作有关的事，那还是在 1877 年，奥古斯特・罗丹年轻的时候。

那年，他在法国秋季艺术沙龙上展出了名为“青铜时代”的青铜青年像，有人质疑作品是否是从真实人体上直接翻模后制作而成的，因而在评审席上引起了一片议论。理由是，从该作品的人体姿态本身到细节处的肌肉变化，都实在太逼真了。罗丹当时不得不向沙龙评审员举证，这绝非是用石膏从人体翻模后再向内浇铸青铜制作而成的，而是通过细致入微地缩减模特人体尺寸与作品尺寸间的差异而完成的，从而消除嫌疑。

西格尔还发明了另一种新的创作手法。从他为自己翻模将自己作为模特的作品《坐在桌前的男人》(1961 年)，以及以朋友为模特的《晚餐桌》(1962 年)起，众多日常道具就已被列为表现手法，那些用旧的家具、从邻家借来的洗衣机等成了雕塑的配角。

西格尔首创的手法也正是因为处于波普艺术刚开始的时代背景中，才理

坐下来的女人，乔治·西格尔，1967年。

所当然地被认可了。但是，仅仅这样的因果关系，实在无法全面说明西格尔向世人所展现的工作。

1982年由西武美术馆主办、日美友好基金协办的乔治·西格尔展，向我们传递了怎样的信息呢？作为该展主办方一员的纪国宪一如是说道："注重于人不经意间动作的人像，既不具戏剧性也不具英雄性，永远保持其站姿与坐姿。像这样注重人不经意间的动作，是将人体进行物质化，凭借这种作用创造出愈加强烈的真实感，进而使人对物质的看法产生了改观。所有艺术都具备超越时代这一浪漫的一面，但西格尔的作品可以说是那个时代的证明与烙印。"下面让我们跟随美术评论家小川正隆的解说，走近西格尔自我发现的世界。

"西格尔近来偏好从模特的身体直接翻模。取型后的石膏内侧显现出极为细腻的皮肤纹理，但他却忽略这些，只采用外侧朴素或粗糙的表现形式，专注于外侧取型的手法。所以，即便是从人体进行直接翻模，表面也粗糙得令人无法想象。合成模子时渗出的石膏液滴等，也在表面留下明显的印记。对西格尔来说，这些细节处理大概不是问题的关键。他也许是以作为'虚体'的生命在'实体'的器物环境中如何保有生命力为创作主题的。"

初次接触西格尔的人像时，从冷冰冰的"死者"全身取型这一作为让我

乔治·西格尔，Three Figures and Four Benches，1979年。

乔治·西格尔，时代广场，1970年。

深受震撼。当然，“死者”面型的表情是用石膏表皮直接翻模，此时我感到在人像中有一种令我也永久凝固住一般、无法动弹的力量，但随后就有一种从僵硬中得到解放的快感。或许可以说是时间停止后，又开始启动，重新恢复了运作……

这正是能让我从中感受到环境的装置艺术。“死者”面部的表情当然是在石膏表皮直接翻模时模特不得不闭上眼睛而得来的。另外，随着长时间缠绕全身的石膏液浸泡的布料逐渐变硬，在紧绷的身体理所当然会呈现出的静止姿态中，被剥夺掉运动的身体内隐藏着想从禁锢中得以解脱的欲求，这一点能明显地让人感受到。所以，在这种装置艺术里，作为观察者一方的我也暂时被添加进去，之后体会到一种放松的感觉。

被涂上红、蓝等色彩的实体器物，诸如门、柜台、桌子与雪白的人体一起共生时，“时间”给人的印象异常深刻。

“包扎”或“被覆”的环境

生于1935年保加利亚的克里斯托，不仅仅是一个雕塑家。他采用与巴克敏斯特·富勒完全不同的表现手法，将街道、桥梁，以及众多历史建筑，继而到大地、溪谷，或是迈阿密海岸、岛屿等自然景观作为舞台，挑战着一个又一个造型项目。

克里斯托在捷克的布拉格学习舞台美术时，突然爆发了著名的匈牙利事件。克里斯托放弃了回到祖国保加利亚，于 1957 年去了奥地利维也纳，在那里的美术学校向弗里茨 - 沃路巴（Hurittu Vulotoluru-ba）学习雕塑。次年去往法国巴黎。

"克里斯托的包扎对象一开始是身边的东西，继而扩大到铁桶、木箱、椅子、桌子、汽车、摩托车、交通标志、邮箱、印刷机、杂志、人体等。与此相应的，他使用的布料也从画布到棉布、防水布、亚麻布、黄麻、塑料膜等，趋向多样化。"以上是关于克里斯托初期活动的介绍，摘录于中原佑介的相关介绍。

中原列举出克里斯托工作的首要特性，即"时间的限定"。作为例证，他抽选了加利福尼亚丘陵地 Running Fence 这个项目，并引用了克里斯托的话：

"'Running Fence'项目始于 1972 年，终于 1976 年。这四年或三年半对项目来说，是一个充满生机的时期。对于我所有的项目来说，最终的物质性实体的出现意味着项目的终结。那并不是像造建筑物一样一个个工程的连续，而是各种高潮的连接。对于我的项目，既有赞成的人，也有反对的人。最终的实体无非是这些能量的组合。

“就‘Running Fence’来说，用木头、石头等来建造显得颇为愚蠢，简单且易于去除的材料才与其相符，所以我就使用了柔软且易于处理的布。

“撒哈拉沙漠的贝都因族与西藏的游牧民族用易于携带的布在数小时内搭建住宅，次日便将其折叠起来离去。我去以色列杰里科附近时发现，布制住宅林立，很是壮观，但次日就踪迹全无，这给我留下了极为强烈的印象，给予我的感动也极其深刻。

“我通过临时的项目，想得出如下的感动。……加利福尼亚的山岗铺满布与不铺时的对比，不是会给人以十分强烈的印象吗？若将这些布铺好几个月，则对比一定变得极不强烈。强烈的对比与短时间的演示法才是重要的。这正成为一种工作的冲击力。

“注重短时间，即时间的限定性这一克里斯托的制作，看上去与舞台表演中的演出方式颇为相似。”

但在他的方法中，不如说是倾所有注意力到仅有的一次性上，以及朝着这个目标将项目进行下去的过程才显得尤为重要吗？让我们再倾听一下

重新包扎后的新桥，克里斯托，1979 年。

山谷幕帘，在高速公路之上张挂巨帘，科罗拉多州，1970 年。

被包裹的德国国会大厦，克里斯托，1995 年。

他的见解：

“‘Running Fence’是在田园空间中的项目。在那里生活着的是农民，人口也不集中。堪萨市的散步道用布遮盖时，80万市民进行了协助。迈阿密的‘被包围的群岛’实现时，得到了具有各种文化背景的250万市民的协助。……因为美国是民主社会，所以在公共空间使用之际，需要严格的审查。同时，即使在使用中也将被持续观察。公共空间，必须不伤害任何人，不破坏任何东西，不引发任何事故，在具备所有这些条件之后才能获得申请使用许可。

“并且，全部的责任在于我。市民们也许会感到我对海湾的看法过于傲慢、自私，即便直接这样说的人不多，但这种看法依然存在。

“也出现了这样一种声音，说我想进行的事即将给予栖息在岛上的鸟以不良影响，对海里的鱼有害，会伤害树木，也会有市民在内心深处认为我的项目与艺术毫无关系，因而反对。面对这些声音，我又不能躲起来悄悄地进行项目，因为项目是在市民面前进行的。”

还有另一个能与“时间的限定”一同被列举出的特性。以巴黎的塞纳河上的桥为创作对象的克里斯托一开始关注的是亚历山大三世桥的装饰，但不久后具备更为理想条件的新桥入选了。当然，并不仅限于塞纳河，但必须是符合属于西岱岛上架设的桥这一极为重要的“场所条件”。

不称创作为作品、制作，而将其自行命名为项目，这显得十分意味深长。从项目的计划性，以及为实现其所进行的各种说服、指挥共同作业的监督人员的立场来看，无论哪一个都属于制作系统本身。“场”的对象，无论是自然环境还是人工环境，都是在运用“包扎”“被覆”的方法进行的，即便在充分计划的前提下，也不可忽视预料之外的偶然性，这就是“环境设计”的所有框架。若想在这里将设计与艺术划清界限，难道不该说在克里斯托强烈的意识之中，两者仅有的那点不同就在于坚持绝不重复、坚守作品的“一次性”吗?

第十二章 | 环境设计的造构

环境时代与信息时代

如今，“环境”观念正不断渗透进各个领域，因而出现了一种稍有些风吹草动就将所有问题与“环境问题”扯上关系的倾向。

20 世纪 60 年代末到 70 年代初，北半球的经济发达国家、地区所引发的产业公害问题被陆续报道。紧随其后，南半球的发展中国家各地由于沙漠化与乱伐所引起的森林破坏与粮食饥荒问题也随之被公布于众，这便形成了南北问题的明确框架。

美苏间的冷战格局顷刻间解体，在东欧剧变的同时，柏林墙也戏剧性地倒塌了，欧洲在象征 EC（欧共体）的共同家园中希冀朝着联合的方向急速发展下去。在这关头，中东战争突然爆发了。若是在 19 世纪，这或许仅仅算是一次属于地区冲突，但如今牵涉地球资源，使得民族、宗教战争的气味变浓。暂且看一下战争结果给现在带来的影响，显而易见这场战争对地球环境造成了决定性的破坏。

另一方面，众所周知，拥有高度信息机构的人类开始进入了“信息时代“。与“环境时代”相比，哪一个才算是精准地把握了这个时代的本质呢？或许还是应该理解为两者都是重要的现代特征。

我觉得是“信息”吸引了“环境”，换而言之是“信息时代”凸显了“环境时代”。

对于实质性环境问题的探讨从很久以前便开始了。该问题长期以来朦朦胧胧的状态不久就随着能将信息瞬间传向世界的网络的出现而被详细印刷流向世界各地，从而为众人所共同关心与认识。

循环再生系统的失调

20 世纪 30 年代，我住在离新宿不远的东中野时，无论哪家的大扫除都是一年两次。将榻榻米拿到院子里，两张一组地背靠背立起来，用竹棍彻底敲打正反面，撣去灰尘，这是我们男孩子干的活。将不需要的书籍分成若干类，有价值的书由附近旧书店的老板用两轮拖车收走，其余的则交给回收废品的人就可以了。回收废品的人也不需要的纸屑等垃圾，则与院子中树木的叶子一起焚烧掉。焚烧是祖父的活，他总是用那篝火来为我烤红薯。

分工干的年末大扫除，就在母亲重糊障子纸、父亲收拾书房的例行行为中结束了。这一日即便与冬至错开了数天，用来泡澡的柚子水也会被准备妥当。

那时，还是由淘粪工挑着木桶反复进出厕所淘粪口，然后将好几个桶放于停在路边的牛车上拉走。这些并不是仅仅作为脏东西被处理掉，而是郊外的农户将其收购，作为肥料之用。

这就是东京被称为“伟大的乡村”的原因。至少来自各个家庭生活中的所有废弃的东西，包括在院子里处理的垃圾，所有这些要么走循环再利用的途径，要么就直接在自然循环中实现再利用。

去父亲老家——一个真正的乡村记忆更为明确地告诉了我这些。我与弟弟跟随父母从东京来到在福冈市东边的古贺村担任村长的祖父家，这是我们生平第一次长途旅行。祖父家是一个被为抵御海风而种植的松林所包围的中型农家院落，从东西向长楼的主屋到往北突出的另一栋建筑中有被称为“纳屋”的堆放农具的仓库，里面有好几个满装制作味噌酱、酱油原料的大木桶埋于土间（未铺地板的土地房间）的土中。

有一条通往耕地的小路，从那里到木门口的距离极近。木门的内侧埋有大大的便壶，其后方与两侧都拦筑了人腰高的围墙，并盖着敷衍了事的屋顶。

某日，我在回家路上正要通过那里时，不想见到了卷起和服下摆站着面朝我这边解手的祖母。看见大吃一惊的我，祖母的脸上浮现起惯有的微笑，对我说了句“你回来啦”。在我慌慌张张通过时，祖母已经与途经那条小路的阿姨以同样的姿势在打招呼了。时至今日，当我重新回味当时的情景，想到的只有一点，就是把作为长子的父亲送去东京后，祖母一直充满了一种守卫农耕生活中生态循环再利用的主妇的自信，正因为如此她才会具有那么自然淳朴的姿态。

但仅仅半个世纪之后，为何又发生了如此巨大的变化呢？我并未沉湎于往昔的回忆之中，而是在思考人类生活与环境间所发生的生态循环再利用路径崩溃这一问题。我认为所谓的环境问题，起源于相当程度上对生态循环再利用中的“环”的切断。

水俣、神通川、四日市、切尔诺贝利、黑森林事件均源于打乱了充满活力的循环系统的人类活动。

若从大都市的日常生活角度来看循环或循环再利用的失调，如对“垃圾”这一废物循环再利用失调、堵车这一交通循环失调进行考察，则正好可自然理解为这属于城市生态系统的失调。

为了从生态意义的角度上来理解城市，人工城市就像生物一样，并不是将城市理解为一种生物的模拟形态关系，而是必须确切地认识到城市正作为一个生命体具体鲜活地存在着，并且是处于不断变化之中的。

从中显而易见地可以获得环境论的基本推论，已不能将自然与人工单纯地对立起来了。

在自然中不对人工加以限制，导致不断容忍的地球环境本身所具备的宽广的包容力最终超出了其最大限度。从这一刻起，自然与人工便不得不开始合为一体，朝着同一个方向发展。

环境设计的登场

艺术运动一完成其先驱性的作用，紧接着社会所要求的便是，在属于设计的时代中，采用更为实际的方法，一边抑制创造性行为，一边将其保存下去。如前一章所述，“环境”让艺术与设计的对立项得以接近，其结果是使两者连为一体。

从 20 世纪 60 年代末到 70 年代初，环境与造型具有蜜月般亲密的关系。在日本，“环境造型”也大面积泛滥。那时，艺术家成为设计师，设计师成为艺术家都是自由的。起先驱作用的领域是商业世界，并且，城市中的所有场所都是抽象雕塑的放置处。

我们不能忘记早在 1960 年 5 月，大量反对安保的示威游行者采用法国式大大张开双臂连在一起的姿势，在银座的道路上通行的样子。还有年轻建筑家们略有害羞地反复朗诵着戏剧、电影先驱者的作品《守卫我们的艺术》……

同年5月，东京设计会议（WODECO 60 ’）召开了。“设计”这一概念得以在所有领域获取了市民权。

之后的25年间，设计的领域不断拓展，稍显沉闷的艺术力量削弱，留下了透明的“艺术”。再次重申一下，正是“环境”将艺术与设计连接起来的。那么，将艺术与设计合为一体的结果或许就是“造型”了。

环境设计的面貌在这个点上逐渐清晰起来。涉足多个设计领域，也许想要的正是这个。

确切地说，初期的环境设计着眼于园艺领域，即景观设计。

随后，景观设计的手法开始大规模地运用于办公室、商业场所，开始引起老百姓等大众的注意。

正因为有这样的前因后果，才可以说专家与一般人终于能以同样的标准就造型进行交流了。到目前为止，专家都是用只有专家才懂的晦涩专业术语来阐述，排斥着普通人。可是，换个角度看，逐渐被排斥的难道不正是专家本身吗?

不管怎么说，环境设计开始想将已解体的价值标准重新串联起来了。

关系设计

环境设计具有将人与物、生活的场与场，特别是各专业化的设计手法相互联系起来的能力与作用。

在前一章中，我提出过是否将“自然与人工”这一目前为止相当坚固的对立项联系起来，继而比较“时间与空间”这一对诞生于西方的二元观，对“时空间”这一日本文化中传统的但也许会对今后有鲜活意义的理念进行了阐述。

关于“内与外”的概念，比如，通过房檐下所构成的进进出出的间隔空间来理解这里是产生环境设计的场所；甚至连像“生死”这种极端对比的概念也可通过生态的连续形态来进行理解。

长大成人后才离开城堡的悉达多王子在大街小巷看到众生百态后立即领悟了“生老病死”的真谛，成为释迦牟尼，或许可以从这个故事中来理解，因为并不是只有生与死，出生、长大、老去、得病、最终死去这些有序的连续态也显而易见。不过，这似乎与设计没有什么直接的关系。

但事实是怎么样的呢？比如，进行老年人住宅的室内设计时，若只将老龄作为一个不利条件来特别对待，大概就会过度依赖设备与装置，这样只能制造出徒具使用价值而不具备人类温情的装置。从环境设计的立场来看，有必要将老年人与残障人士理解为连接生与死的人类过渡状态。孩子与成人也都处于这种过渡状态中，但越是老年人，就越不想被守护，以此来维护自我尊严。

另一方面，让我们从被认为是环境要素之本的“地、水、火、风”上来验证一下。所谓要素原本是指不能被其他因素所取代且具备无法再分解性质的东西。但是，这些要素混合在一起后便构成了有机的整体。西方哲学中认真严谨地将各要素独立开来，详细地进行分析，但在说明它们彼此间的关系上还不够充分。

我思索是否佛教中的四大与西方的四大要素的不同之处就在于此。佛教中的四大与西方的四大要素即便内容相同，后者也始终只是将重心放置于被解析为四部分的各个单独的意思之中。与此相对地，前者的重点则存在于各要素间的关系中。

还有一点也逐渐明朗化了，即在关系设计或是实际领域的共同作业中，景观设计的“生成”特性在新时代的环境设计中正被活用。

景观美化是指所有建筑用地、栽植、池水、通道、各种城市家具，均以“修景”为目标而被设计出来，但该设计领域有始却无终。这是因为即便会有一个暂时的结果，但以栽植为例，高大的树成形至少需要5年，甚至10年，而到那时地被类与花草或许已逐渐改变了局部生态。

另一方面，观赏者的行为也有可能改变景观的表情。

即便是办公室景观这种室内环境设计也完全如此，不同的只是被使用的组成部分。值得关注的是，在允许变化的景观设计中，或许“时间的计划”应成为一个必要的环节。

双重设计方式、方法

在此我想阐述的观点是，作为关系的设计变形来看也是可以的。尝试用我认为应将环境设计作为联系多个设计领域的“面”或“层”来思考的方法论，故而用双重方法。即不是局部性地限定环境设计的领域，而是将其作为具有普遍拓展力的共有设计思想。不仅仅是任意一位设计师，而且是让普通人们都拥有这种思想。当然提出这样的观点必定会遭遇不少反对的意见。也许是因为“不允许弱化设计的既得权”。如今还在这里进行专业和非专业问题的讨论，将无法开始后续的话题。

从“地球是蓝色的”这一来自宇宙飞船的讯息问世以来，地球上的人们就开始萌发了一开始并不那么强烈的与其他行星都为宇宙的同乘者的意识。

环境问题不久理应会成为人类自身深切的原罪。对环境设计的关心并不仅仅是设计师的特权，而是承载着人类美好的共同愿望的大事。

也可想象为是在从层扩大到面的“环境设计”领域中，将各设计专业领域相互叠加的一种设计方法提案。具备共同语言的各领域设计师们，可拥有较目前更多的交流机会，也理应会拥有比过去更多的共同合作的机会。

“玩”的终极

环保时代正降临到我们生活中来。住在地球这一有限规模行星上的人们终于意识到为了使自身生存下去，只有有效地利用地球。

也可以说是人们或许明白了生存是幸存下来，以及为了幸存下去，不仅需要肉体的健康，更需要精神的健康。

Homo sapiens① 一词是将人与人类视为生物的种，而造出的正式用语。在哲学等辞典中稍稍查阅一下就可发现被赋予特别含义的“睿智人”一词。这可以说是一种夸张的说法，是在所有生物中，对特别是头脑发达、智慧超群

① Homo sapiens：原本来自于拉丁语中表示“聪明人”一词。是相较于其他动物，将凭借理性进行思考作为人类特有本质来考虑的一种人类观（《哲学百科词典》）。

而如实作为人类的特质所进行的定位。但是，进入 20 世纪后的人类果真可以具备真正的睿智而生存下去了吗?

人类为了提高生活水平而拼命工作，制造东西。生产结果导致了环境污染，报应到人类自己身上，无论怎样考虑这都不会让人觉得是睿智之人的举动。有一个从制造工具、制造东西这一切入点来定义人类的词汇，为 Homo Faber，即“工作人”。

人类是工作的，因工作而是人类，因生产东西故而是人类。正是这一认识或意见改变了该词的意思。简而言之，是“工作正是人类的本质”这一定义改变了词义。

只要工作就行。在欧洲来说，这是以产业革命（1760-1830）时形成的思想为背景所诞生的意识产物。

也是调动劳动者从家去工厂工作的生产积极性的口号。

“睿智人”与“工作人”大概都可看作是人类具有的复合性、本质特性在打开各种局面后所放大的“像”。

在这里须提一下诞生于荷兰的伟大历史学家及语言学家赫伊津哈。

他拥有广博的历史洞察力，除了欧洲各国语言外，还通晓希伯来语、阿拉伯语，他从古代祭祀入手，涉猎战斗史实，认为人类文化的本质隐藏于“游戏性”之中。

就这样，Homo Ludens 即“游戏人”作为人类本质的想法逐渐明朗起来，其在 1939 年所著之书也以“Homo Ludens”为题。

综上所述，中世纪节庆中的优美队列、巴洛克时代的宫廷舞会，所有战斗场面中都蕴含着成就各自规则与礼数的美学，正是这些创造和孕育出文化的兴趣与活力被广为传唱。

从前，日本人将与人相遇，结“一期一会”之缘的歌会、茶会、俳句会，以及连歌的集会看作是无上的乐趣。这或许是因为这些活动一方面产生了创造、观赏的喜悦，另一方面则在支撑分享该喜悦的礼仪结构中发挥了“游戏人”的能力，同时也兼备不知疲倦的好奇心。

“玩”因“玩”而存在

想特意将 Homo Ludens 的“游戏人”概念重新解释清楚的赫伊津哈的本意究竟是什么呢?

作为历史学家，他从众多精密的考证中发现，“玩”并不是因为有什么目的才进行的。

比如，他认为人并不是因为想从劳动与学习这些束缚中逃脱才玩的，“玩”仅为“玩”而存在，是人自身的秉性。

他这样说道：

“我从很久前就认为，人类文化于玩中以玩的形式诞生而发展。我越来越坚信这一想法。”

赫伊津哈想说的是，“玩”并不是因为有什么别的目的，比如，为竞争、为让有害的冲动诸如发火、嫉妒、情欲等平复。“玩”因“玩”而生，是实践者纯粹的创造活动。

他在自己的著作《游戏人》一书中，就我们所感兴趣的事，引用了如下日本俳句：

种种的心绪，托于风中之柳枝。（凉菟）

逝去之人的小袖，伏天风中的晾晒。（芭蕉）

前句大概是说所有内心纠葛不要一直纠结着，像柳枝一般托于风中即可，将这样稍带些教诲的心情寄托于柳树与风。不愧是芭蕉来承接了这句，将不久前逝去的同门去来之妹千子穿小袖飘摇于风中的样态吟入了句中。故而，凭借这两句间的转调，连强烈的哀悼之情也能凭借鲜明的诗兴跃然而出了。

赫伊津哈是否完全理解了其所引用的俳句的含义，这是个疑问，但我觉得，他的着眼点至少存在于数人盘腿而坐、一个接一个地进行连歌这一“玩”的形式之中。

诗都已至此，若是音乐、舞蹈以及戏剧就更自不待言了。它们发端于“玩”，后各自被大致归整为某一形式，这些也都能鲜明地浮现于我们现代人的眼前。

对于运动来说大概也是这样，即便是苏格兰东海岸边最初生长着欧石南属植物与结缕草丘陵的高尔夫球场，也是从牧童们一边追赶羊群一边用拐棍飞起小石头的供游戏之用的“玩”中建起来的，这段轶事一定会让人认为正是“玩”促进了人们的规则构建。

高尔夫是由几个矛盾的对立项所构成的，即自然中的彻底开放感与束缚人的种种规则。或者，可认为是联结自由广阔空间与极小孔洞的击球场所这一非连续的连续点。因对手不仅仅有一同竞技的同伴，还有与自身所对峙的自己，所以并不是一般的运动。

建筑史权威村松贞次郎曾说过：“茶会的一期一会与高尔夫的集会有相似之处啊。”当时我听到后，觉得颇为奇怪。但在反复品味这句留于耳际的话后，方领会到这是在考虑“玩”的世界中稍稍高级阶段的交流。

利休的茶道若从求道角度来理解大抵会觉得相当沉闷。但实际上，茶原本不就是玩的世界吗？将其与连歌、连句的众人集会归为一类难道不是极为自然的吗？

明治时期以来，新政府将江户文化作为封建旧弊抛弃，将文明开化从欧洲果断引进，力度极大。但是，对起榜样作用的19世纪欧洲进行囫囵吞枣则很不好。统治阶级政治上标榜中央集权制度，为增强国力，一味增强军事力量，也就是说将这些东西原封不动地通过移植手术直接移植到明治政府的政策之中。教育不仅注入了极度的官尊民卑思想，而且还极端否定封建时代，却又一意推崇男尊女卑。19世纪的欧洲崇尚资产阶级时代对金钱了无兴趣的思想，因这是一个作为洛可可时代的反作用力坚持男性优位的时期，故而明治时期或许也是受到了这种影响。

明治时期树立目标，勇往直前，以往任何时代都无法与之相提并论。所以，也是极尽霸道的蛮横的时代。总之，陆军以长州、海军以萨摩、警察以肥后为中心，由旧旁系幕藩掌控。稍加思考，暂且不论江户文化与京都文化的古老价值，它们被弃之如敝屣也是理所当然的了。

所谓的京都文化一语以概之以“みやび”为代表，“みやび”一般表示为“雅”，但原本则是来自于“都”。

另一方面，江户文化可归结为“粋”的文化。“粋”是“意气”，受城镇居民文化叛逆的“气魄”“直面的意气”影响所形成的男性时尚是“潇洒”。女性的“粋”似乎归结为深川辰巳艺伎[①]的“大气”与引领潮流之人于自信中所磨炼出来的“洋气”比较好。与粋相反的则是俗气，与雅相反的则是乡土气。

从东京的山手往东一带因是外地打工者曾居住过的住宅地，故被称为俗气与乡土气满溢的伟大的乡下，这一直持续到20世纪的前半期。雅与粋的共同点究竟是什么呢？一个是强烈的“审美意识”，另一个则是生活中的“余裕”，毋庸讳言，两者均来自于“玩”。

无论是单纯的孩童嬉戏，还是更为复杂高级的大人玩乐，构成玩的计划

---

① 辰巳艺伎：江户城本丸的辰巳，即东南方向有一个深川地区的花街柳巷。其被称为辰巳故里，或者略称为辰巳或巽。从明和年间到天明年间（1764-1788），身披和服外褂赴宴的她们也被称为羽织艺伎。不披和服外褂后，她们梳上了娇柔的岛田髻，插上呈直刀一字形被称为仕挂的梳子，穿上素色碎花有下摆花纹带家徽的正式和服，佩上下结，全年都光脚穿着吾妻木屐，以一种令人怀念的气势与侠气而走红。（摘自林美一著作《时代风俗百科词典》）

或动机，因玩聚集而来的人们，以及实现玩的场所，这些均是必须的。但并不是该场所一开始未准备好玩就不成立。“场”是汇聚一堂的人们在“这个场所”无论如何都能构建出来的一种东西。

生存的设计

环境设计的根本是生存的理念。但这一理念并不是平常就显露出来的。也许可以说这正好与树木为了维持生命而将最为重要的根埋入大地的姿态比较相似。事实上，森林火灾后，地面上仅留下的焦黑树木，不到一年便能从根部抽芽，我从这旺盛的生命力中，大抵能切实地感受到这一点。

正因为具备源于“玩”“余裕”才花繁叶茂起来的环境设计，在外部形成如此繁茂的花与果实，其根本不正在于埋于地下的根的旺盛生命力吗?

生存设计如字面意思，既然是“幸存下来的设计”，就不应该像要激发悲壮感般将其一直挂在嘴边。越经常说起，语言中所具备的真意就会越为淡薄。

在这里，整理一下在“关系设计”“双重设计”中已阐述过的问题。各种专业化的设计领域，因已存在产生的历史、社会性需求与以此为生的众人，所以在某种程度上来说都已具备了稳定的结构。所以，从根本上改变这些既有形式、可能将会招致恶作剧般的混乱，这种对根基的改革，不如坚持在对年轻一代的教育里，特别是设计教育的领域中，创建全新的新人培训。

但是，在这里必须好好思考的是，绝对不能将环境设计领域往狭隘的专一化方向推。

“设计”究竟是什么呢？设计这一词汇是在怎样的背景下诞生的呢？据说，design 是以 de+sign 的形式拼合而成的。其语义分配如下：词头的 de 为英语中的 from、out，即“从……”“往……外去”之意；词尾的 sign 则是从拉丁语 signare（to mark sign）中导出的，因而若重新解读 design 的原意，大概是“从……中，将信号、记号或者‘形’表现出来”之意。像这样，若明白了“从……”中的“……”的意思，就一定能理解 design 这一词汇的意思。在这里，好像可以重新给环境设计下一个定义。

“从……”当然只有是“从环境”之意。感知从身边环境吸收到的所有东西，进行考察思索，然后表现为记号或信号以及“形”的行为就是环境设计。但是，是从哪里表现出来呢？还有，是向谁表现呢？这又只能说是在向环境本身去表现了。

这样的循环是至今为止尚未解开的“智慧之环”。这是因为人处于“环”

之外。

人在清醒意识到由这个“环”所联系起来的“环境”的独立性、协调性时，这个环才能被解开。虽然觉醒得太晚，但行动的指针却明确了。想要生存设计的也许正是“环境”本身。

有人曾这样说过，“环境”是将人的洞察扩大到地球规模。但我觉得，只有每个人都从身边的“行动”中开始才行。

后 记

同SD系列丛书《室内设计是什么》于1985年出版时，在后记中我这样写道：“我一边写战后40年设计的发展，一边认为环境具备将多层面、多含义的设计从扩散状进行收拢的自由包容力。严格来说，人对于生生不息的环境如何整形，更进一步结合生物体来看，则是如何恢复因现代社会压力所扭曲的感觉系的平衡……对于解决这些环境问题，特别想从造型角度进行研究的正是环境设计。

“想将上述这些距离人类生活最近的内部空间中，从内向外进行推动的难道不正是室内设计的最关键之处吗？”

我早就隐隐觉得不仅是室内设计，而且是所有设计行为，从城市设计、建筑设计、园林设计，包括导视系统设计的平面设计、制造生活用具的工业设计，再到服装设计都与“环境设计”有关。

这也是我在任职武藏野美术大学工艺工业设计系起就逐渐意识到的新课题。不久后，我开始在研究生院担任公共课“环境设计论”的授课，受学生们的触发，通过研究发现环境设计正是关系设计。

因此，值本书出版之际，我想向平日里直接、间接受教的大学同仁们表示感谢之情。

我开始认为，环境设计并不是直接合并各设计领域，并不是一种用体系来加以捆绑的原理，而是起了将各领域联系起来的媒介物的作用，更进一步来说，是成为媒介物的方法与思想。本书以“环境设计的思想”为题的理由也正在于此。

谨向允许我引用各种环境思想的国内外前辈们、可敬的朋友们表以由衷的敬意。同时，也担心因我的才疏学浅而使读者朋友无法充分理解这些思想。

但是，环境与人的关系或许又是个体的我所相关的环境体验，是形成个人自身的根本。在这种意义上，本书若能将读者各自的环境体验重新唤起、激发，将是我无上的荣幸。

最后，向欣然同意提供我众多书籍中的引用、照片、插图、图解的诸多作者、出版社的各位朋友表示深深的感谢。此外，也向在长期编辑期间多次给我提供帮助的吉田昌弘先生致以我最诚挚的谢意。

三轮正弘

1991 年 9 月